JN322962

逆説の軍事論

目次

第二部　世界秩序をめぐる各国の動向

装丁　河野宗平

序章　軍事というパラドックス

本書は、軍事について述べたものです。しかし、ひと口に軍事といっても、後の各章で述べるようにその概念にはいろいろな側面があります。私としては、軍事ないし防衛という概念を構成する様々な要素について述べると同時に、その総体の輪郭らしきものを浮き上がらせることを目論んだつもりです。

軍事を一般の人々に向けて論じる者として、果たして私が適任なのかどうかはわかりません。ただ、自衛隊に所属し長年にわたって軍事の実務に携わり、その研究もしてきたことから、こと軍事に関しては一般の人々よりいささかなりとも知見を有しているのではないかと密かに自負している次第です。

一般に、物事を考察するときの視座（立場）はひとつではありません。軍事についても同様です。政治的な視座、経済的な視座、倫理的な視座、思想的な視座、哲学的な視座、あるいは文学的な視座もあろうかと思います。そして、視座が異なれば軍事に対する認識も自ずと異なってくるはずです。また、同じ視座であっても、人それぞれ異なった考え方があるでしょう。そのこと自体は個人の自由であり、否定すべきことではないと私は考えています。

しかしながら、どのような立場であろうが少なくとも現実の軍事に関して議論する場合、論議する対象の本質、およびその現実的位相に関して最小限の知識は必要です。なぜなら、対象に関する正しい知識を持たない論議は、例外なく空論や暴論に陥るからです。ましてや軍事とは、いつの時代においても極めて現実的かつ重要な概念です。また、後述しますが、軍事は平和維持（国民の生命や財産の保全）に直結する機能（システム）でもあり、空論や暴論に導かれた運用は歴史が示す通り、大きな災厄を招くことにもなります。

繰り返しますが、本書は軍事について述べたものです。さらにいうなら現実の軍事について述べたものです。したがって、私としては現実ないし事実以外の記述を極力避け、軍事について考えるときの、あるいは論議を行う際の「素材」を提供したつもりです。

軍事とは畢竟、政治に属するシステムであり、その運用に関して「元」ではありますが私のような軍事プロパーが、特定の価値観によって声高に主観的言説を述べるべきではないと考えています。軍事をどう位置付け、どう用いるか。それは、やはり国民および国民が選んだ政治システムが決めるべきなのです。

さて、軍事とは人間社会固有の概念です。したがって、軍事について考える際には、私たち人間の本質をまずは押さえておかなければなりません。すなわち、「闘争本能」と「闘争回避本能」という人間固有の矛盾した特性です。

一部の例外を除き、人は誰しも死にたくない、殺したくないと思っているはずです。にも関わらず、有史以来人間は日々、せっせと殺し合いをしてきたという現実があります。

一九世紀ロシアの文豪トルストイの代表作に『戦争と平和』という大長編小説がありますが、人類の歴史はまさしく戦争と平和の繰り返しだったといえましょう。どうした天の配剤か、人間はほとんど本能のように闘争を繰り返す一方で、争いを回避し平和な生活を維持するための方法を模索してもきました。

人は一般に他者からの支配、干渉を好まず、誰しも独立（自立）して自由に生きたいと考えているはずですが、自由とは欲望（利害）と切り離せない概念でもあります。

そして、そうした人間同士が集まり集団（社会）を形成すると必ず争いが起こり、往々にして生命のやりとりにまで至ることになります。それは、民族や国家といった特定の集団内でもそうだし、集団と集団の間においてもしかりです。

ただ、人間は他の動物と峻別される高度な知恵を有しています。そして、その知恵を使い、自分たちが構成する社会の中に法律、ルール、道徳などによって一定の秩序を設計し、争いを回避する工夫をしてきました。

そして、ここでいうところの秩序を担保するためには、社会構成員を納得させる「権威」、社会構成員を強制する「力」という二つの概念が必要となります。「権威」は、それぞれの社会（国家）の歴史、文化、宗教に根ざし、その実態は世界の各地域、各国家によって千差万別です。

一方、秩序を社会構成員に強制する「力」は通常「公権力」と呼ばれていますが、それが強くなり過ぎると社会を構成する個人の独立、自由を束縛するものとなります。したがって「国家の秩序維持」と「個人の自由・独立・発展」は二律背反の関係にあり、そのバランスは定まりにくく常に変化を続けています。

『社会契約説』を唱えたイギリスのトマス・ホッブズ（一五八八～一六七九年）は、宗教の軛《くびき》から離れた個人の自由を認めた上で、「そのように自由な個人を自然状態のままに置いておくと、万人が万人の敵となり、殺し合いをして結局は個人がいなくなってしまうから、力に支えられた社会秩序が必要である。そしてそれは国王の権力によってもたらされる」といったようなことを述べています。ただ、彼は国王の権力はいずれ化け物のように巨大になり、「個人の自由」を侵すものとなることをも的確に指摘していました。

国王の権力、すなわち中世の公権力をめぐっては、その後ジョン・ロック（一六三二～一七〇四年）、シャルル・ド・モンテスキュー（一六八九～一七五五年）、ジャン・ジャック・ルソー（一七一二～一七七八年）といった人々がホッブズの社会契約説を止揚し発展させ、「自由・平等・博愛」を旗印としたフランス革命を経て現代の民主主義社会が成立した、と高校の教科書は教えています。

しかしながら、ホッブズ先生以下先人たちの知恵にも関わらず、日本を含めた世界各国の社会は、各国民が一〇〇%満足するような制度にはなっていないようです。つまり、真の民主制度は未だ確立されていない。まあ、そもそも構成員すべてが満足するような完全無欠の社会制度など、未来永劫有り得ないのかもしれません。

それはともかく、「個々の国家と世界」の関係も「個人と国家」の関係と同様、一定の進化をしてきました。しかし、各国の国内ではそれなりに成立している「権威」は、国際関係の中では未だに形成されてはいません。

こういうと、アメリカ合衆国という国家があるではないか、という人がいるかもしれません。後の章でも述べますが、確かにアメリカは政治、経済、軍事、文化において、圧倒的な存在感を有する超大国ではありますが、絶対的な「世界の権威」と呼べるような存在ではありません。イラン、シリアをはじめとするイスラム諸国や北朝鮮のように公然とアメリカに逆らいあまつさえ挑発する国家がある一方で、ロシアや中国などアメリカを権威として認めない（認めたくない）国家も多数存在します。そもそも、アメリカが世界の「権威」であるなら、二〇〇一年九月一一日にアメリカ国内で発生した同時多発テロなど、起こりようがないのです。

それでは国連はどうなんだ、という人もいるかもしれません。残念ながら、国連も真の意味での「権威」と呼ぶには程遠い存在です。国連の決議が「権威」として効力を持つなら、現在も世界各地で展開されている紛争は起きるはずがないということになります。

要するに、二一世紀の現在においても、「世界の秩序」と「個々の国家の自由・独立」の関係は、「国家」と「個人」の関係よりはるかに未成熟であり、極めて不安定な状態にあるという他ありません。

軍事について考えるとき、私たちは好むと好まざるとに関わらず、こうした世界に生きているということを認識することから始めるべきでしょう。


ところで、国内の秩序を維持するための「力」を付与されている組織は一般に警察ですが、国際秩序を維持するための「力」とは一〇〇年前までほぼ軍事力のことでした。

現代世界では、経済力、文化力、あるいはそれらを含めた「渉外機能としての外交力」の比重が高まり、脚光も浴びています。しかし、だからといって軍事力の重要性が低下したわけではありません。

軍事の在り方は戦前と戦後では異なるし、戦後も米ソ冷戦時代とソ連崩壊後、アメリカにおける9・11同時多発テロ後ではかなり変化しています。ある意味で、世界秩序における軍事の重要度は、以前よりもむしろ高まっているといえます。

それでは、日本における軍事の位置付けはどうでしょうか。

敗戦から七〇年、我が国ではいまなお「軍事力は平和を破壊する元凶であり、国際秩序（平和）維持のためには不要なのだ」という幻想が、根強く残っているように見受けられます。「平和とは戦争のない状態」と定義するなら、「戦争システムである軍事力が存在するために戦争が起きるのだから、世界中から軍事力を排除すれば平和になるのだ」という単純な論理を多くの人々が信じたくなるのもわからないではありません。しかし、それでは軍事の持つ機能の一面しか理解していないことになります。

ひとつ、例をあげてみましょう。つい二〇年ほど前、ルワンダで一〇万人以上の人々が鉈《なた》や棍棒で殺戮されるという悲惨な民族紛争が起きました。私たちは、この事実をどう理解すればよいのでしょうか。

戦争という事象の物理的実態が敵の組織的殺戮と資産（施設や住居等）の破壊だとするなら、ルワンダ紛争は紛れもない「戦争」です。そして、殺戮には鉈や棍棒という日常生活における道具が使われ、住居は放火によって破壊されました。つまり、殺戮や破壊を可能にするのはミサイルや戦車だけではないということです。

だとすれば、私たちが生活を営むための道具である刃物や車両、火などは、軍事力を構成する道具としての武器、兵器と同等の機能を有していることになる。厳密な意味で軍事力をなくせということは、そうした生活用具をもなくさなければならないという理屈になります。要するに、軍事力を排除すれば戦争はなくなるという単純な帰結にはならないということです。このことは詭弁でも何でもなく、真理です。

つまるところ、人間から様々な「欲望」という本能を排除しない限り、戦争はいつでも起こり得ます。そして、当然のことながら人間から欲望を取り除くことなどできるはずもありません。できるとすれば、様々な方法を用いて戦争を抑止するための仕組みをつくり続けることぐらいです。そして、現実には軍事力こそ戦争の抑止に大きな役割を果たしているというのが私たち人間の世界の実相です。

もうひとつ、普通はあまり意識されていない事実を述べておきましょう。

周知の通り、二〇世紀は「戦争の世紀」といわれています。世界の人口が二五億〜三〇億人であった二〇世紀前半、二度の世界大戦における死者数は五〇〇〇万人〜六〇〇〇万人にのぼりました。一方、二〇世紀後半の戦争、すなわち朝鮮戦争、ベトナム戦争をはじめとする「代理・限定・局地戦」と呼ばれる戦争での死者数は三〇〇〇万人以下とされています。また、その間に世界の人口が六〇億〜七〇億人に増加したことを考え合わせると、二〇世紀の前半より後半の方が、いいいいいいいいい、世界ははるかに平和になった、ともいえます。

世界は二度にわたる大戦という悲惨な経験を反省することによって、相対的平和を実現できたのかもしれません。しかし、二〇世紀前半より後半に至る過程で軍事力は縮小するどころか増大してきたという事実は認識されるべきでしょう。また、ナポレオン以来の国民徴兵制度こそ少なくなりましたが、どの国においても平時の軍事予算は極めて大きなものとなってきています。

ところで、二〇世紀後半の戦争が世界大戦にならなかった理由には諸説ありますが、私は「核兵器と超大国の存在」が決定的な要因であったと考えています。

米ソ二極時代、互いが消滅するような核戦争を起こすことは、現実には不可能でした。また、核兵器を保有しない国同士による戦争が世界戦争に発展しないよう、米ソ二大軍事大国が、通常兵器の威力をもって抑え込んだことも一定の抑止となりました。

まことに皮肉なことながら、大量破壊兵器である核兵器の存在が二〇世紀後半の世界に相対的平和をもたらした要因であることは事実なのです。

さて、日本の話です。

日本は敗戦時より七〇年間、幸いなことに戦争を経験していません。もちろん、戦争による死者も出していません。その意味で、日本人は平和な七〇年間を過ごしてきたといえるでしょう。

では、私たちはこの「平和」をどう捉えるべきでしょうか。

「戦後日本が永きにわたって平和を維持できたのは、軍隊を保有しないとした憲法第九条のおかげである。したがって、この平和憲法を維持することが今後の平和を担保してくれる」という認識が、戦後の日本では相当広く共有されてきました。

果たしてそうでしょうか。ここから述べることは、私の主観ではなく事実です。

敗戦時より七〇年間、実際には日本に軍事力が存在しなかった時代はありません。まず、その現実を私たちは認識しなければなりません。

一九四五年、敗戦により帝国陸海軍が武器を捨てたとき、入れ替わってアメリカ軍を中心とした進駐軍が駐留し、その軍隊が結果的にある時期まで単独で日本の秩序（平和）維持を担うことになります。

一九五一年九月にサンフランシスコ条約が締結された時、吉田茂首相はアメリカと日米安全保障条約を結びました。これにより、翌一九五二年に日本が独立した後もアメリカ軍は日本国内に駐留し続けることになりました。一九五〇年に朝鮮戦争が始まると、占領軍司令官マッカーサー元帥の命令で警察予備隊という治安部隊が編成され、それが一九五二年に保安隊、一九五四年には自衛隊となります。

国内では、いまもって自衛隊は「軍隊ではない」とされていますが、少なくとも個別的自衛の場合の武力行使（次章で説明）が認められている以上、他国からは当然のことながら「明らかな軍隊」とみなされています。また、自衛隊発足以後もアメリカ軍および国連軍用の基地は残り、自衛隊の隊員数よりは少ないながらアジアでは最も多いアメリカ兵がいまなお駐留しています。その間、日本政府が宣言した非核三原則にも関わらず、核兵器が持ち込まれていたことも、アメリカの外交文書が公開されたことから明らかになっています。

以上のような事実から導かれるのは「憲法第九条により軍隊を保有しなかったために日本は平和を享受できた」という説がフィクションだということです。

もっとも、憲法第九条に一定の政治的効用があったことも事実です。すべての主要都市が焼け野原となり、ほとんどの生産手段が破壊された敗戦時に、何よりもまず国民の衣食住を確保するための復興策が優先されたのは当然のことでしょう。そして、当時の吉田首相が経済政策を優先させ、アメリカによる再三の要請にも関わらず軍備増強を拒んだ論拠としたのが憲法でした。事実上自分たちがつくった憲法を盾にされては、アメリカとしても日本に軍備増強をゴリ押しするわけにもいかなかったのでしょう。

ただ、吉田首相も軍事力が必要ないと考えていたわけではありません。その証拠に、警察予備隊、保安隊、自衛隊と、日本の軍備は徐々に整っていきます。吉田首相にとっては、あくまでも優先順位の問題でした。そして、当時の日本は極めて特殊な環境、いわば非常事態にあったのです。

ともあれ、第二次世界大戦後も、国内のみならず日本の領土周辺に軍隊が存在しなかったことはありません。そして、アジア諸地域は決して軍事的に平穏な地域でもありませんでした。戦後、朝鮮半島、中国、インドシナ半島と、様々な軋轢があったアジアの中で「国内に軍隊が存在することによって日本は七〇年間の平和（秩序）を維持してきた」というのが事実なのです。したがって、平和の維持を考えるとき、もちろん経済や文化の力も重要ですが、軍事への理解とその活用も忘れてはならないということになります。

以上述べてきたことからわかるように、人間の世界において軍事とは平和と不即不離の壮大なパラドックスということができるのではないでしょうか。

生々流転の理《ことわり》通り、時代は変化します。現在、日米同盟、集団的自衛権行使をめぐる憲法解釈など、日本の安全保障の在り方が国内外で問題となっています。こうした状況の中で、私たち国民は自らの生命・財産・文化を守るために最も効果的な安全保障の手段を検討し、議論し、国民の責任において決定しなければなりません。そして、その過程において、国民一人ひとりが最小限の軍事に関する知識を持つ必要があります。

これまで、平和を論じるにも戦争を論じるにも、それぞれの思想的立場による、現実から目を背けたあまりに観念的な論議が多かったように見受けられます。

民主主義制度が不完全なものであることを認めつつも、私は民主主義を信奉しかつ平和を希求する者です。

であるからこそ、軍事にせよ、憲法にせよ、それをタブー視することなく俎上に乗せ、冷静な現実認識の下に論議されるべきであると考えます。

軍事をことさらタブー視し正しい知識を持たない人は、いったん事が起こると今度はまったく反対のベクトルに振れ、軍事が何でも解決するという極論に走りかねません。いうまでもなく、軍事力は打出の小槌ではありません。

いずれにせよ、歴史が教える通り、最も危険なことは無知であることなのです。

第一部

軍事の変遷

第一章　軍隊と平和

軍隊とは何か

いきなりではありますが、「軍隊」とは何でしょうか。もちろん、軍隊のイメージは一般に共有されているとは思います。けれども「軍事」の本質について考察を進める上では基本的な概念、論理的な定義付けが必要です。

ちなみに『広辞苑』を引いてみると、「軍隊とは軍人の集まり」と書いてあります。これでは、何のことかわかりません。「軍人」を調べてみると、「軍隊の組成員」となっています。堂々巡りです。これでは軍隊というものの論理的輪郭がまったくわかりません。

そこで私は、こう定義してみました。

「軍隊とは、武力の行使と準備により、任務を達成する国家の組織である」

ここでいう「武力行使」とは、任務のために必要とあれば、相手を攻撃し、破壊する。単純化していえば、撃墜、撃沈、撃滅する、ということです。そしてその場合には、相手に危害を加えても、殺傷してもいい。さらには、任務として認められているのならば、相手から撃たれていようが、いなかろうが、先に攻撃してもいい。それが武力行使というものです。実に大変な話です。

軍隊と警察とは同じようなもの、と考えている人もいるようですが、警察は「武力行使」はしません。警察は犯人を殺さず逮捕することが仕事なので、逮捕するための「武器使用」はできますが、その「武器使用」は相手に危害を与えるものであってはなりません。ですから、この軍隊特有の「武力行使」は国から（つまりは国民から）認められたもの、合法かつ正当性を有したものでなければなりません。

こう説明すると、軍隊とは戦争を指向する殺人集団だと思う人々もいるかもしれません。しかし、それは誤解です。

「軍隊」の定義で、私は「行使（実行）」とともに「準備」という言葉を使いました。とかく軍隊というと、戦闘機、軍艦、戦車、小銃等の兵器を使用して敵を攻撃する「武力行使」のイメージが強いようですが、武力行使では「準備」が大切な意味を持っています。戦場で実際に武力を行使するのではなく、ある地域に武力を持った部隊が存在することが戦争を抑止し、平和にとって重要な役割を果たすことが多々あるからです。実際に撃たなくても、撃たれるかもしれないと思えば相手も撃ってこない。こちらを攻撃すれば、相手はそれ以上の損害を受けるリスクがあると考えて動けない。軍隊の存在は、こうした抑止力としての意味が大きいのです。

戦争も軍隊もない世界。それは理想ではありますが、先に述べたようになかなか現実には成立しません。

二〇〇九年にノーベル平和賞を受賞したオバマ米大統領は、こんな演説をしています。

「われわれが生きている間に暴力的な紛争を根絶することはできないという厳しい真実を知ることから始めなければならない。国家が単独で、または他国と協調した上で、武力行使が必要かつ道徳的にも正当化できると判断することがあるだろう。

私は現実の世界に対峙し、アメリカ国民に向けられた脅威の前で手をこまねくわけにはいかない。誤解のないようにいえば、世界に悪は存在する。非暴力運動ではヒトラーの軍隊を止められなかった。交渉では、アルカイダの指導者たちに武器を放棄させられない。時に武力行使が必要であることは、皮肉ではなく人間の欠陥や理性の限界という歴史を認識することだ」

オバマ大統領の言を待つまでもなく、人間社会の厳しい現実として、残念ながらいまだに軍事力が不要な世界にはなっていないことを私たちは認識せざるを得ません。

甚大な犠牲を出した第一次世界大戦の後、欧米では反戦・平和を最大の価値とする理想主義の時代がありました。しかし、オバマ大統領が演説の中で言っているように、外交や言論などの

「非暴力運動」だけではヒトラーを止めることができませんでした。その結果、第二次世界大戦という、より大きな惨禍を招くことになってしまったことに対する深い反省が欧米にはあります。「武力行使が時には必要となる」という認識は、欧米流の乱暴な考え方と思われる人がいるかもしれません。しかし、彼らは安易に軍事力行使という選択肢を考えているわけではなく、悲惨な歴史的教訓がその背景にあるわけです。現実に武力を行使するかどうかではなく、武力を行使する準備があると相手に理解させることが大切だと考えているのです。

国家間の対立だけではなく、民族紛争などの地域的な問題においても、軍事力の役割は評価されています。

国際平和への支援というと、まず頭に浮かぶのは紛争地域での難民保護など国連の人道支援活動でしょうが、元国連難民高等弁務官の緒方貞子さんは「人道支援の前に、まず治安の回復が必要になる。それができるのは軍隊だけ」という発言をしています。紛争地帯における武力対立の間に入って治安を維持するためには、武力行使が可能である軍隊が不可欠となるという現実がここにもあります。

「軍事」といえば「戦争」と短絡し、嫌悪感を示す人もいます。先の戦争の経験から生まれたものでもあるのでしょうが、武力行使の実行と準備が平和にもたらす効果についても一度考えてみる必要があるでしょう。

安全保障を成立させる四つの方法

軍事を考える上で、まず登場する言葉は「安全保障」です。「安全保障」を再び『広辞苑』で調べてみると、第一に「外部からの侵略に対して国家および国民の安全を保障すること」、第二に「各国別の施策、友好国同士の同盟、国際機構による集団安全保障など」とありますが、現在では特に後者の意味合いが大きくなっているようです。

当初は「安全保障」も「防衛」「国防」も同じ意味合いでした。それが次第に一国の防衛だけでなく、多国間における外交を含めた協力関係あるいは同盟を「安全保障」と呼ぶようになりました。要するに一国だけでなく、世界に広がりをもつ概念になったわけです。

このように、安全保障では外交と軍事が両輪となります。

防衛大学の神谷万丈教授によると、安全保障を研究している学者のグループは「軍事を重視するリアリズム派」、「国際協調を重視するリベラリズム派」、「人権・環境を重視するグローバリズム派」に分かれるそうです。

国や個人が安心して過ごせるようにするという目的は同じでも、問題の認識も対処の方法もそれぞれ異なるわけですね。ただ、世界ではどの派に属する学者も「軍事力をまったく無視する」という学者は極めて少ないようです。

ひるがえって日本の場合、軍事力重視のリアリズム派でありながら軍事について不勉強な学者がいるし、他の派の学者たちとなると軍事についてまったく語らないといったことになっているように見受けられます。実に困ったことです。

率直に申せば、軍事についても考えなければ安全保障論としては不十分なのです。

また、神谷教授は、このように各派によって考え方の違う「安全保障」には「その定義が欠如している」といっています。一例として「ある主体が、その主体にとってかけがえのない何らかの価値を、何らかの手段によって守る」といったものが考えられるが、これでは漠然としていて、分析概念としてほとんど役に立たない、とも説明しています。


さて安全保障について、もう少し具体的に考えてみましょう。

スイス生まれのユダヤ人で、ナチスドイツから逃れてアメリカに亡命した国際政治学者のアーノルド・ウォルファーズは、安全保障について「獲得した価値に対する脅威の不在」という言葉を残しています。これも神谷教授の一例に似て漠然としたものですが、多くの学者たちから「より定義に近い」ともいわれているようです。これを「仮定義」とするならばどうやら、安全保障は「価値」と「脅威」をどう取り扱うかということのようです。

このウォルファーズの言葉をベースに安全保障について考えると、脅威に対して価値を守る手段として次にあげるような四つの方法があるように思えます。

①　失って困るような価値は最初から持たない

これは「失うものなき世捨て人には何の不安もない」ということです。確かに価値を保有しなければ安心でしょうが、最近はホームレスを面白半分に襲撃する不良少年もいるようですから、これが本当に有効な方法論であるかどうかは怪しいところです。政策でいえば、鎖国もこの一種かもしれませんが、世界とつながることによってヒト・モノ・カネなどの資産を形成する日本には非現実的な方法といえるでしょう。

②　脅威（敵）をなくす。または敵の力、意志を弱める

ここからは、より現実的な話になってきます。この手段は古来、主として軍事力を使用した方法でした。ただ、最近では、現実に軍隊を使う「力の行使」よりも「力の存在」によって敵を抑止、制御することに重点が移っています。さらには心理作戦を併用した敵の弱体化工作が有効だといわれています。これは現代の軍事戦略のポイントでもあるので、後の章で詳しく述べたいと思います。

③　被害を被っても、その被害を最小限に食い止め、回復するための準備をしておく

この方法には、価値を一カ所に集中せず分散させておくことにより損害を分散させる、予備兵力を保有して戦闘力の持続を図るといった意味があります。一般社会の例でいえば、保険制度がこれにあたります。軍事面でいえば、かつて中国が先んじて実行し、今はスイスやスウェーデンが具現化している核シェルターは、あきらかにこの理論に基づく安全保障策です。インターネットも同様で、大型コンピューターで集中処理する仕組みでは、中央が攻撃を受けるとすべての機能が止まってしまうので、各地に分散したコンピューターをネットワークによって利用できるようにしようというアメリカの軍事的な事情から開発されたものです。

④ 脅威（敵）をつくらない。あるいは敵を味方にする

これには様々な方法があります。自らが脅威とならないことで脅威をつくらないことを目指す「非武装中立」や、敵を味方とする「同盟・連合」、さらには「文化交流」「ＯＤＡ（政府開発援助）」も味方をつくるための一つの手法といえます。いずれも主として外交の仕事となりますが、最近は「軍縮交渉」「防衛交流による信頼醸成」など、軍事力を活用した政策が極めて有効とされ注目されています。

以上、四つの手段を紹介しましたが、これらをみても、安全保障の設計には外交と軍事両面が重要だとおわかりいただけるはずです。軍事なくして安全保障は成立しませんし、軍事だけでも安全は確保できません。安全保障においては、軍事と外交が両輪となって機能していくということをここでは理解してください。

平和と独立

さて、武力行使を担当する軍隊の具体的な任務とはどのようなものでしょうか。

自衛隊の場合、自衛隊法第三条にこう書かれています。

自衛隊は、我が国の平和と独立を守り、国の安全を保つため、直接侵略及び間接侵略に対し我が国を防衛することを主たる任務とし、必要に応じ、公共の秩序の維持に当たるものとする。

国の平和と独立を守り、国の安全を保つ。そのために侵略から国を守るのが軍隊の仕事です。

まず、「平和」と「独立」の関係について考えてみましょう。

自衛隊の目的は「我が国の平和と安全を守る」ことだという人がいます。しかし、「平和と安全」だけだと、自衛隊法に明記された「独立」が欠けてしまいます。

ところで、独立という言葉は現在の日本の憲法にもまったく書かれていません。占領下にできた憲法ですから、独立という言葉は当然使っていないのです。独立とは、いいかえれば「国家主権を守る」ということですが、この「国家主権」という言葉もまったくありません。

国家の三要素というのは、教科書によると、国土と国民と主権です。その「主権」という言葉は、憲法には三箇所出てきますが、主として主権在民のことを書いた箇所であって、前文中の「自国の主権を維持し」とある言葉も「我が国家主権を守る」という意志表明とは読めません。つまり、日本人は国家主権という言葉を理解できていないのかもしれません。

世界では、主権といえば当然のことのように国家主権のことを指す意味合いで使われます。中国の人々も、サヴァリンティと英語でいう場合、人民が主権を持つということではなくて中国としての国家主権の話なのです。

要するに、平和も必要ですが、主権ないし独立も当然必要であり守るべきものなのです。したがって、世界においても各国家間での平和が必要であるし、同時に各国の独立も必要だということになります。しかし、そういうことをわかっている人は、意外にも少ないようです。

話は少しそれますが、自衛官は平和が嫌いなのか、戦争するためにお前らはいるのか、といったような意味のことを、ほんの少し前までよくいわれたものです。しかし、我々にいわせれば冗談ではないのです。平和を嫌悪し戦争を志向する、そんな馬鹿げた感性を自衛官が持つわけがありません。世界は平和である方がいいに決まっています。繰り返すようですが、現代の主要国における軍事の本質的意義は、「侵略」ではなく「抑止」にあり、とりわけ日本の自衛隊はその志向が強い軍隊です。このことは、元自衛官としてここで断言しておきたいと思います。

ただ、改憲論者の中には「平和憲法の平和にはもう飽きた。新憲法では、平和という言葉をなくそう」などという人間がいます。そういう人たちがいるということが、日本防衛における最大の問題だと私は思っています。

平和という言葉と主権や独立（自由）という言葉は矛盾するものです。独立（自由）のみを追求していけば、どうしても平和は揺らぎます。ホッブズが言った通りです。一方、平和だけを追求していけば独立は危うくなるのもまた真なりです。

三五年ほど前、経済学者でノーベル賞候補にもなった森嶋通夫というロンドン大学の先生が日本に帰ってきて、「最近の日本は右傾化している、もしもソ連が攻めて来たならば赤い旗と白い旗を両方立てればいいじゃないか」と、そんなことを言いました。その問題を当時の我々はけっこうまじめに議論したものです。

ソ連が攻めて来ても追い返さないというのは、いってみれば「奴隷の平和」と呼ばれる状態です。奴隷は金でマスターに買われているわけであり、マスターは奴隷を殺したりしません。なぜなら、金を損するからです。というわけで、殺されないという範囲において奴隷は平和だともいえます。けれども、当然ながら奴隷には何の自由（独立）もない。

そういう状態をどう捉えるのか。奴隷になってまでも生きていることに価値があるのか。そういった青臭い議論を若い頃にしたこともありますが、この二者択一的設問はやはりナンセンスであり、平和も自由もともに必要なのです。要するに、バランスの問題です。その意味で、ホッブズが言った通り、主権というものはある程度公権力によって制限されなければならないわけです。一方で、制限ではなく主権のある部分は移譲してもいいとまでいう人もいます。鳩山元首相などはそのような言葉を使っていましたが、確かに彼の好きな「友愛」実現のためには、そういった考えもあるのかもしれません。TPPなどは、正にその問題が問われているテーマともいえます。

いずれにせよ、平和と自由（独立）のバランスは極めて重要な問題であり、国民に選ばれた選良である政権は、関連する重要法案を通す場合は国民を説得しその同意を取らなければなりません。

国益を形成する「力」と「利益」と「価値」

それでは、「我が国」というときの「国」とは何でしょうか。ここで国家について少し考えてみましょう。

櫻田淳・東洋学園大学教授に教えてもらったのですが、国の本来の漢字である「國」という字は、城壁の内側の空間に「戈《ほこ》＝武力による秩序」が保たれていることを意味しているのだそうです。面白いことに、ドイツの社会学者マックス・ウェーバー（一八六四～一九二〇年）も国家について同じような定義をしています。

ウェーバーによれば「ある一定の領域の内部で正当な物理的暴力行使の独占を（実効的に）要求する人間共同体」つまり物理的暴力行為を独占できる状態にしておくことが国家防衛であるというわけです。

民主党政権の時代、自衛隊を「暴力装置」と発言して問題になった大臣がいましたが、ウェーバー流に考えれば必ずしも突飛な発言ではありません。その通りともいえるわけです。ただ、この言葉は左翼の人達の間で軍事に対する批判として膾炙《かいしゃ》された言葉でもあります。

一方、ウェーバーは「正当な物理的暴力行使の独占」といっています。この「正当」という部分を忘れてはなりません。冒頭で「軍隊は武力行使の実行、準備によって任務を達成する国家の組織」と定義しましたが、この「武力行使」には正当性がなくてはなりません。

さて、話を戻しますが、「國」という字の由来にしても、ウェーバーにしても、力の分野に偏していて古い考え方ではないか、という意見があることは私も承知しています。「力」の議論から広げて、国を守るとは何かを考えていくと、畢竟「国益」という話に行き着きます。国会でも、よく「国益」をめぐる議論が繰り広げられているのを皆さんも聞いたことがあるかと思います。それでは、国益とは具体的に何を指すのでしょうか。

その前に、私が自衛隊にいた頃に体験したエピソードを紹介してみましょう。

私が北海道の防衛を担当する陸上自衛隊のトップである北部方面総監になった時、札幌で財界人の会合に招かれたことがありました。地元財界の重鎮との集まりで、当時五四歳であった私より皆さんは一〇歳以上も年上の方々でした。経験も見識もある方々です。

その懇談の中で、ある方が北方領土についてこんな質問をされました。

「総監、私ども財界人からいわせると北方領土には経済的価値がまったくないのですが、あそこには軍事的価値はあるのですか」

正直なところ、私はびっくりしました。「あそこには水産資源が豊富なのではないですか？」と聞き返すと、「水産資源は確かにあります。しかし、あの島々が返ってくれば、日本中の水産業者が全国から集まって来て乱獲し、二〜三年のうちに水産資源が枯渇してしまうでしょう。また根室・釧路地方におられる元島民の方々が島に戻って生活できるようにするためには、国も北海道も回収不能な多額の投資をしなければなりません」とのことでした。

その経済的価値について議論する能力は私にはないので、「そうですか、あの島々に日本のレーダーが立つのか、ロシアのレーダーが立つのか、それは日ロ間はもとより世界の地政学的な戦略に大きく影響することだと思いますが」と話を継ぐと、「そうですか、それならやはり返還運動を続けなければなりませんね」ということで、この話題は終わりました。

最近では尖閣諸島が問題になっていることから、私も講演会などでよく質問を受けるのですが、尖閣諸島についても、あるとき「あんなに経済的価値のない島は中国にくれてやった方がよいのではないか。争うことによって失う経済的価値の方が遙かに大きい」という意見が聴衆の方から出て、私は絶句しました。すると同じフロアから「そんなことをしたら日本国民が収まらないではないか」という別の意見が出て、会場の雰囲気はかなり険悪なものとなりました。

守る必要があるのかないのか。国民の中で意見が分かれていることがここでの最大の問題なのですが、これは国益について考える良い材料でもあります。なぜなら、それぞれが別々の角度から国益を論じているからです。

京都大学教授であった故高坂正堯氏はその著書『国際政治』の中で「各国家は力の体系であり、利益の体系であり、そして価値の体系である」と述べています。つまり、国益を「力」「利益」「価値」の三つの体系から考えるわけです。

先の話でいえば、北方領土返還に疑問を提示した財界人は「利益」の体系で考えていたわけです。これに対して、私が話したのは「力」の体系です。尖閣列島は中国に、という人の発言も「利益」体系からの発想で、これに反発した人の発言は「力」や「価値」の体系からのものです。

いずれにせよ、これら三つの体系をどうバランスをとって考え、どこに国としての重点を置き国民的な合意を形成するのか。そこが重要なのです。

国益と防衛を、より明確な基準で示した例をもうひとつあげましょう。

明治時代の首相、山県有朋は一八九〇年に「主権線のみならず、主権線の安危に密着の関係にある利益線をも守護しなければならない」と演説しました。これは、山県がオーストリア留学中にドイツ人政治学者のローレンツ・フォン・シュタインから学んだ言葉とされています。主権線とは現在でいう主権のことであり、国土・国民をも含んだ概念といってよいと思います。「主権を護る」ということは「独立を護る」ということであり、国土・国民のみならず、「国家の本質」すなわち「独自の歴史・伝統・文化・名誉」を護ることでもあります。

一方、利益線は、戦前でいえば大日本帝国にとっての南満州鉄道（満鉄）のような経済的利益にかかわる国益。さらにいえば、主権線を護るための緩衝空間としての意味もあったでしょう。

既に帝国主義は消滅したわけですが、それにも関わらず、この利益線の考え方は国益を考える上で意味を持ち続けています。一時、マラッカ海峡防衛論といった「シーレーン防護」や「中東の平和（石油）維持」が話題になったことがありますが、これらは「新時代の利益線防護」の思想から出てきたものといっていいでしょう。

何を守るのか。守る必要があるのかどうか。いずれにせよ、そこに国民的合意がなければ、軍事的な準備もできません。なぜなら軍事は政治の一部であり、政治が（つまりは国民が）軍事組織に任務を与えるからです。ですから、軍事の議論の前にまず国益であり、安全保障の基本的な方針に関する議論が必要となります。

現代の軍事的な観点からいえば、主権（力と価値）は昔も今も自国の軍隊が守るものです。一方、利益線の防護に関していえば（これは第二次世界大戦を引き起こした要因でもあったわけですが）、どの国の利益線も常に他国の利益線と重複しています。

したがって、もはや一国で守るのではなく他国と協力した共同防衛、集団安全保障の形で守らざるを得ないというのが現在の安全保障に関する考え方の主流になっています。

こうした、世界各国の協力で守るべきものを、最近はグローバル・コモンズ（全世界の共有物・共有権限）と称しています。

現在、南シナ海、東シナ海において、「各国の領海（空）外は交通上の、排他的経済水域外は経済上の、グローバルコモンズ（自由圏）である」とする米・英・日等の主張と、「それは国連海洋法の解釈の誤りで、南シナ海、東シナ海は事実上中国の領域なのだ」とする中国の主張が衝突していることは周知の通りです。

国家と領土

現在、日本が三つの領土問題を抱えていることは、ご存知の通りです。すなわち、北方領土、竹島、尖閣諸島です。もっとも尖閣諸島については、領土問題は存在しないというのが日本政府の公式見解ですが、現実には最もホットな係争地となっています。

この三つの島嶼《とうしょ》地域は、歴史、問題の経緯、実効支配の有無、係争対象国の論理、地政学上（安全保障上）の位置付け等がそれぞれ異なり、一括りに論ずることはできません。しかし、いずれも日本が自らの領土であると主張し続けている点では変わりありません。

これらの領土問題の解決策としては、以前より様々な意見がありました。北方領土の二島返還論、尖閣諸島の問題棚上げ論、また竹島に関しては故朴正熙大統領の「（日韓の対立を解消するために）竹島など爆破してしまえばいい」という発言が思い出されます。

日本では、先に述べたような「経済的価値のない小島などくれてやればいい」という意見、あるいはバブル期には「金で買えばいい」といった意見がけっこう本気で人口に膾炙されていました。どうも戦後の日本人は、何でも金で解決するのが好きなようです。

それはともかく、さして魅力的とも思えない島嶼領土に対するこうした素朴な意見は、ひょっとすると案外多いのかもしれません。

けれどもこれらの意見は、いってみれば領土という概念を理解していない「素人の意見」といわざるを得ません。

ここで、領土とは何かということについて少し考えてみましょう。

繰り返しになりますが、国家を構成する要素は「国土」と「国民」と「主権」だとされています。したがって、国土（領土）は近代国家にとって極めて重要な概念なのです。

領土問題を議論するとき、北方領土の水産資源、尖閣諸島の海底資源が話題にのぼることがあります。しかし、これらの経済的価値は、領土という概念にとって実のところ二次的な意味しか持ちません。近代国家にとって、領土とは経済的視点だけで語れるものではないのです。

一例をあげましょう。

一九八二年三月、英領フォークランド諸島のサウス・ジョージア島に、突如アルゼンチン海軍が民間人を無断上陸させ、続いて正規の陸軍を侵攻させました。時の首相マーガレット・サッチャーの決断は早く、空母二隻を含む大艦隊を編成し陸海空軍併せて約三万人の兵力をフォークランド諸島に向けて出撃させました。結局、イギリスは勝利するのですが、約三カ月続いたこのフォークランド紛争では、死傷者、艦船・航空機の損害等、イギリス側も多大な犠牲を払っています。イギリス軍が遠路はるばる大西洋を南下してまで、人間の数より羊の数の方が多いこの小さな「領土」を奪回したのは、もちろん経済的理由からではありません。経済合理性を考えれば、まことに割の合わない戦争でした。

話は少しそれますが、近代以前の世界では国境はそれほど明確ではなく、もちろん入出国管理などといった制度もありませんでした。また、国境付近の人々は、国への帰属意識も希薄で民族が混在しながら生活をしていました。しかし、国民国家（Nation-State）が形成される近代になると、国境、つまり領土の概念は非常に重要なものとなります。なぜなら、この国民国家とその領土概念によって、不完全ながらも世界に秩序らしきものが成立するようになったからです。

話を戻すと、イギリスが莫大なコストと兵士の命をかけてまで小さな領土を奪還したのは、一度でも領土への侵略を許すと、世界秩序における自国の存在証明が揺らぐからに他なりません。国家と領土の関係は、つまるところそういうことなのです。領土という概念は、経済的あるいは軍事的価値以外の本質的価値を含んでいるのです。

そのイギリスの真似をすることが当然とは、無論いえないのですが、日本の歴代政権が海に浮かぶ一見取るに足らない島嶼の領有権を主張し続けるのもそのような理由からだと理解する必要があります。

第二章　総力戦の時代

ナポレオンの登場

軍事とは、政治の一手段です。
次にあげるのは、軍事を政治と関連付けて定義した有名な言葉です。

「戦争は他の手段をもってする政策の継続にすぎない」

軍事の教科書の古典、カール・フォン・クラウゼヴィッツの『戦争論』の一節です。
クラウゼヴィッツ（一七八〇年～一八三一年）はプロイセンの軍人でしたが、彼と同時代に、ひとりの軍事の天才がいました。ナポレオン・ボナパルト（一七六九年～一八二一年）です。一八〇六年にクラウゼヴィッツが従軍したプロイセン軍は、ナポレオン率いるフランス軍に完膚なきまでに叩きのめされます。クラウゼヴィッツはプロイセンからロシアに逃れた後もフランス軍と戦い続けるのですが、その間にナポレオンについて徹底的に研究します。その集大成が『戦争論』です。

ナポレオンは、それまでの戦争の概念を一変させた軍事の革命家でした。彼の軍事的方法論は、その後二〇世紀まで影響を与え続けます。

ナポレオンが登場するまでの戦争（それは中世の戦争といってもいいかもしれませんが）は、いま私たちが第二次世界大戦などでイメージしている「戦争」とは、かなり様相を異にしています。ナポレオン以前、例えばグスタフ・アドルフとか、フレデリック大王などの時代のヨーロッパでは「決戦」というものはなかったのです。当時の兵士は住民に徴兵義務を課して集めたものではなく子飼いの騎士や部下など、いわば傭兵が中心であり、国王など封建君主たちにすればコストもかかる貴重な財産でした。ですから、下手に決戦などして軍隊をまるまる潰してしまったら、元も子もなくなってしまいます。また、兵士は簡単に補充ができるものでもありません。

国王たちの事情はみな同じですから、それぞれ軍隊を動かしはしても大きな損害が出るリスクのある決戦はしない。軍隊を動かして戦うポーズをとりながら、外交で話をまとめて少しばかり領土を掠め取るという戦争が主流だったのです。そんなわけですから、昼は戦争をするが夜になったらお互い休んだりするような、今から考えれば実に牧歌的というか、ずいぶんといい加減な戦争だったわけです。

しかし、ナポレオンの登場で戦争の様相は一変します。フランス革命後に登場したナポレオンは、そんな中途半端なことはしませんでした。まず、兵士は農民や市民などからなる国民兵としました。そして、彼らでも使える操作が簡単な小銃を与えました。

それまでの傭兵は、集めるにも維持するにも負担が大きいため、国王たちはその損害を嫌ったわけですが、革命下のフランスでは、国民意識の高まりの中で兵士となることは国民としての義務とみなされ、兵士はいくらでも補充ができる状態になります。これは、国王たちのように損害を恐れることがなくなったことを意味します。

そして、それまで普通の農民や市民であった兵士たちを戦闘員として強力に機能させたのは小銃であり、砲兵出身のナポレオンが専門としていた大砲などの重火器の活用でした。さらにナポレオンは、国民兵による大規模な軍隊を効率よく機能させるために、軍団制や参謀制など、様々な組織マネジメントを生み出します。

たとえば参謀制は、大規模な組織を効率的、効能的に運営するためにラインとスタッフを分業化した制度ですが、これは画期的な発明でした。「企業参謀」という言葉もあるように、いまでは企業経営でも使われる言葉となっています。

組織が巨大化し、軍事技術も専門化していく中で、司令官だけでは組織を円滑に回しきれない。そこでナポレオンは、作戦や補給などの専門知識を持ったスタッフにラインを補佐させるシステムをつくったわけです。その結果、ナポレオンの軍団は効率性、機動性を飛躍的に向上させ、欧州の制覇に向かって破竹の進撃を続けました。

総力戦の終焉を予言したクラウゼヴィッツ

ナポレオンは、そうした中世の概念では存在しなかった軍事思想を以って戦争を遂行しました。決戦を挑み、相手を圧倒殲滅する。それまでのように軍隊は動かすだけで、外交で条件を引き出すというのではなく、敵とみなした相手の首都を制圧し、その意志を打ち砕き、自らの意志を敵に強制する。ナポレオンの戦争は、無条件降伏しか許さない絶対的戦争の世界です。

国民を軍隊に動員し、兵器は工業技術によって近代化し、産業も戦争のために奉仕する。要するに、国家が持てるものすべてを戦争のために動員する。そうした総力戦の時代の幕をナポレオンが上げたわけです。政治的なゴールに向けて、軍事力がフルに利用される時代ともいえます。ところで、クラウゼヴィッツが卓越していたのは、ナポレオンを研究することで、近代の戦争の本質を抽出したところです。軍隊や戦争を考える上で、現在でも『戦争論』は軍事論の古典として生き続けていますが、そこにはこんな一節があります。

「ナポレオンの登場以来、戦争は、その本来の性格すなわち絶対的な形態に非常に近いものになった。戦争にはあらゆる手段が無制限に動員され、戦争への制限は消滅してしまった。戦争はあらゆる因習的な制約から解放され、その本来の暴力的な要素を完全に発揮するようになった。その原因は諸国民がこの国家の大事業へ参加したことにある。さて、このような状況が今後もずっと変わらないのかどうかについては判断困難だが、一般に、制限がいったん取り払われるとその再建は困難である」

『戦争論』が書かれたのは一九世紀の前半ですが、その後二〇世紀の第一次世界大戦を経て第二次世界大戦に至るまで、クラウゼヴィッツのいうところの「絶対的戦争」が追求されます。日本人は一九四五年の敗戦で、軍事について思考を停止したようなところがありますが、現代でもこの「絶対的戦争」「国家間決戦」を戦争と考えている日本人は多いのではないでしょうか。

ただ、私が『戦争論』は本当にすごいなと思うのは、絶対的戦争の時代を論じたうえで、こう付け加えていることです。

「しかし、こういう時代が未来永劫に続くかどうかについては、私は断言できない」
「それは、やはり社会構成が変われればまた変わるのだ」

クラウゼヴィッツの思考は柔軟で、目の前の現実にとらわれることなく、戦争の本質についてより深く洞察していました。確かに戦後七〇年の世界を俯瞰してみると、クラウゼヴィッツが予言したように、戦争も軍隊もその在り方が時代とともにずいぶんと変わりました。

一九九六年に田中明彦東大教授（当時）が『新しい中世』という著書の中で「多様な主体が関係を取り結ぶ新中世圏に入った国同士は戦争をしない。とりわけ経済的相互脆弱関係と軍事的相互脆弱関係は、紛争が戦争に至るのを防ぐ傾向がある」と述べています。相互脆弱関係とは相互依存関係と同じ意味なのでしょう。

つまり、現代はナポレオン以前の中世のように国家間決戦はできない時代になった、ということのようです。

ただし、田中教授はこの書を記した一九九六年の時点において「中国は未だ近代国家であり新中世圏の国になっていない」といっています。あれから二〇年近くが過ぎて「中国は変わったのか変わってないのか」がまさに現代の問題なのですが、私は「変わっているはずだ」と考えています。

それでは、ナポレオン以後、田中教授のいう新中世圏以前の一五〇年間のうち、最後の五〇年となる二〇世紀前半の戦争とはどのようなものだったでしょうか。

陸から海・空に広がる戦争の領域

第二次世界大戦が終結した一九四五年までの世界は、多極の時代だったということができるでしょう。

欧米に日本を加えた列強国は、自らの力量次第で世界の覇権を握ることが夢ではないと考え、互いにしのぎを削っていました。いわゆる帝国主義の時代であり、どの国も『坂の上の雲』を追っていたわけです。

しかしながら、多くの国が争う中で一国が単独で戦争に勝利をおさめることは難しい。そこで国家間で同盟関係を結ぶ合従連衡が繰り返されていました。たとえば、日露戦争を戦った日本には日英同盟という後ろ盾がありました。

ただ、この時代の合従連衡は現在の同盟とは異なり、そのときそのときの状況次第で「昨日の敵は今日の友」、その逆もまた真なり、というものでした。

第一次世界大戦の後、世界の秩序（平和）維持を目的として国際連盟が設立されましたが、現在の国際連合に比べるとはるかに無力な存在でした。

多大な犠牲を払ったにも関わらず一度の世界大戦では、覇権を求める各国の野心を抑えることはできなかったわけです。

覇権をめぐって列強が争った多極時代、すなわち二〇世紀の前半に起きた第一次、第二次、二度の世界大戦による死者数は総計五千万人とも六千万人ともいわれることは前述した通りです。当時の世界の人口は約二五億人ですから、その犠牲の大きさがわかります。

二度の大戦において膨大な犠牲が出た背景には、「戦争のかたち」の大きな変化があります。

ナポレオン以後、第一次世界大戦が始まる頃までの戦争は、領土を奪い、拠点となる都市を占拠し、相手を自分の意志に従わせるという陸戦が主体でした。しかし、覇権国家の領土が海外に広がり海上交易が盛んになると、それまでの陸戦に留まらず、航路を封鎖あるいは破壊し、海域を支配するための海戦へと、戦争の領域は広がっていきます。

そして第一次世界大戦になると、さらに戦場は空へと拡大します。航空機の登場は戦争のかたちを様変わりさせました。それまでは砲弾の射程内の戦いであったものが、両軍の間合いの外（アウトレンジ）からの攻撃が可能になりました。その結果、航空機を利用して敵を大量に殺傷する手段・戦法が追求されることになります。

野戦部隊や艦隊を空爆することに力が注がれ、海軍では航空母艦が建造されます。そして、第一次世界大戦後、本格化したのが「戦略爆撃」です。戦場を越えて、市民が暮らす後方の都市が戦略的な攻撃目標となりました。総力戦の時代、敵国民の戦意を打ち砕くことは戦争の勝利につながるという理由で、戦闘員も非戦闘員である市民も区別しない人口密集地を狙った無差別爆撃が始まります。スペインのゲルニカ（一九三七年）、中国の重慶（一九三八年）、ロンドン（一九四一年）、ドレスデン（一九四五年）、東京（一九四五年）と、アメリカなど連合軍だけでなく、ドイツも日本も同じように都市を空爆しました。そして、最後に登場したのが広島、長崎に投下された原子爆弾（一九四五年）です。

世界大戦では多くの犠牲者が出ましたが、特筆されるのは、戦場の軍人よりも市民の犠牲の方が大きかったことです。戦争が陸海から空へと広がったことは、犠牲者の範囲をとてつもなく拡大しました。技術の進歩と総力戦の追求が行き着いた結果、犠牲は軍だけに留まらず、むしろ非戦闘員に大きな犠牲が出る。それが第二次世界大戦の悲惨な教訓でした。特に広島、長崎に投下された原爆は、核兵器時代における総力戦の代償がどれほどの大きさになるのかを見せつけました。

　ナポレオンの時代から第二次世界大戦に至るまで、世界は欧米や日本を中心とした列強国が覇権を競い合う多極の時代でした。世界最終戦に向けての勝ち抜き戦などという考え方もあったぐらいです。そして、ナポレオンが生み出した国民軍と総力戦による「絶対的戦争」を追求した果てに生まれたのが核兵器でした。この大量破壊兵器の登場によって第二次世界大戦は終わり、多極の時代も終焉します。

第三章　核と冷戦の時代

一極から二極へ

第二次世界大戦終結後三～四年のわずかな期間ではありますが、アメリカ中心の一極時代が訪れます。ソ連、中華民国、イギリス、フランスなども連合国の一員として勝ち組に入っていましたが、いずれも自国が戦場となったため、勝者というにはあまりにも大きな人的物的ダメージを受けていました。ひとりアメリカだけが、真の意味での勝者だったといえます。

余談ではありますが、日本がある種の悲壮感をもって国家総動員体制をとっていた頃、アメリカでは総天然色の娯楽映画大作『風とともに去りぬ』（一九三九年）が公開されています。ことほどさように、アメリカと他の国々では、懐（国力）の深さ（大きさ）がまるで違っていたわけです。現在の軍事的常識からすると蛮勇というべきか、よくもまあ日本はこんな国に戦争を仕掛けたものだということになるでしょう。

ともあれ、大戦直後のアメリカは唯一の核兵器保有国であるだけでなく、軍事、技術、経済、そして文化、あらゆる分野において世界の頂点にありました。その存在の大きさは、現在のアメリカの比ではありません。勝者も敗者も、ほとんどの国々はアメリカの力にすがって生きていたというのが実情でした。一方、旧世界の列強たる西欧各国には、もはや帝国を維持する力はなく、この間に多くの植民地が独立していきます。

こうした状況の中で、一九四五年にアメリカの主導の下に国際連合が設立されます。国連憲章が五一カ国により署名されたのは、この年の六月。ドイツは降伏していたものの、連合国と日本の戦争はまだ終わっていませんでした。日本が降伏する前に、アメリカは既に戦後の世界秩序、つまりアメリカ一極体制の構築を計画し、かつ実行に移していたわけです。国連では、勝者連合の主要五カ国が安全保障理事会の常任理事国の座を与えられましたが、それはとりもなおさず、アメリカ一極体制（秩序）の維持に協力するということでもありました。そして、勝ち組が合意した一極体制の下で、しばらくの間は植民地の独立戦争以外に大きな戦争は起きませんでした。世界にとっては平穏な時期でしたが、それも束の間、アメリカの一極体制は、一九四八年のベルリン封鎖、一九五〇年の朝鮮戦争を経て、米ソ二極時代へと移行していきます。

それまでのアメリカ一極体制を揺るがしたものは、ひとつにはソ連の核兵器開発（アメリカからすれば「大量破壊兵器の拡散」）、もうひとつは朝鮮戦争でアメリカを苦しめた中華人民共和国の義勇軍（人民解放軍）が体現した「非対称脅威（ゲリラ・人海戦術）」でした。

そうした要因によって、それまで絶対的だったアメリカの力は相対的に縮小することになります。こうして戦争の様相、軍事の在り方は、戦前とはまた異なったかたちへと変化していきます。

ベルリン封鎖は、「ポスト総力戦」ともいうべき新しい戦争の始まりでした。

敗戦後のドイツは、アメリカ、イギリス、フランスの西側連合国と東側のソ連によって、東西ドイツとして分割統治されることになりました。首都であったベルリンも同様に占領地域が分けられ、その結果として西側連合国が占領する西ベルリンは、東ドイツの中に西ドイツの飛び地として存在することになります。

そして一九四八年、ベルリン全体の統治を目論むソ連は、西ベルリンへの陸路を封鎖します。東ドイツ内の通過を許さないことで西ベルリンを兵糧攻めにしたわけです。

これに対抗してアメリカは、市民に必要な生活物資を航空機によって供給する空輸作戦に踏み切ります。史上名高い「ベルリン大空輸」です。

この空輸作戦は、成功裡に終わります。ソ連としては、西ベルリン市民の中で不満が高まり、いずれ音を上げるとみていたのでしょうが、空輸によって市民の生活物資は確保されました。ソ連はついに一九四九年に封鎖を解除、アメリカは西ベルリンを守り抜きました。

これは、戦後初めて米ソが対決した殺戮なき大戦争といえます。

第二次世界大戦以前であれば、アメリカ空軍が東ドイツ領空に入ってきたところでソ連が迎撃に出て、国家間決戦、さらに東西両陣営による第三次世界大戦へと発展していたかもしれません。

しかし、ソ連は空路まで封鎖しようとはしませんでした。その背景に、アメリカが保有する核への恐怖があったことは間違いありません。総力戦となれば、行き着く先には核攻撃があるかもしれないと考えるのは当然です。核兵器が米ソ戦の勃発を抑止したといってもいいでしょう。

ベルリン危機は、米ソが世界における二極として対立する関係に入ったことを明白にするとともに、その政治的な対立が瀬戸際まで行ったとしても、直接的な軍事衝突は回避するであろうことを示唆しています。両国の覇権をめぐる戦いは、第二次世界大戦までのような軍事的な国家間決戦、総力戦のかたちはとりません。いわゆる「冷戦」が始まったのです。

朝鮮戦争の教訓

一九五〇年に勃発した朝鮮戦争は、ベトナム戦争やその後の戦争の陰に隠れ、現在の日本では忘れ去られたようなところがありますが、「その後の世界の軍事に大きな影響を与えた」という意味では、極めて重要な画期的ともいうべき戦争でした。

第一に、この戦争によって「核兵器は実戦には使えない」ということが明確になりました。北朝鮮の侵攻によって始まったこの戦争は当初、北朝鮮軍の猛攻の前にアメリカ軍に支援された韓国軍が釜山まで追い詰められますが、マッカーサー国連軍司令官の大胆不敵な仁川上陸作戦で形勢は逆転、今度は北朝鮮軍が中国国境付近まで押し込まれます。ところがどっこい、一九五〇年から一九五一年にかけての冬に中国義勇軍が参戦すると、その人海戦術による攻勢の前に再び形勢は逆転し、アメリカを中心とした国連軍は苦境に陥ります。

この戦況を打開するために、マッカーサー将軍は起死回生の一打として核兵器の使用を計画します。しかし、これに対して国連軍を構成する西欧各国の政治家たちはこぞって反対し、将軍の実家ともいえるアメリカのトルーマン大統領も許可せず、ついにマッカーサー将軍は国連軍司令官を解任されます。ちなみに将軍が「老兵は死せず、ただ消えゆくのみ」という有名な言葉を残したのは、この解任劇のときです。

ここで明らかになったのは、軍事的に効果があるとしても国家の政治的判断として核兵器は使えなくなったということです。原爆投下による広島、長崎の惨状を目の当たりにした各国に、核兵器を使用するには人道的、倫理的、政治的に超えられない壁があると認識されるようになったのです。

ともあれ、この戦争を機に通常型兵器の重要性が再浮上します。ただ、その一方で「何とか核兵器を使えないか」という考えから、大都市をまるごと破壊するような戦略核（大型核）ではなく、戦闘における戦術核（小型核）使用の可能性についての研究も盛んにされるようになりました。しかし、今日に至るまで実戦において核が爆発したことは一度もありません。戦略核だろうが戦術核だろうが、「核兵器の使用は核兵器を呼び、世界の滅亡につながる」という考えが広く共有されるようになったからでしょう。核兵器で敵を滅ぼしても、自分たちも核兵器によって消滅したのでは意味がありません。核兵器は、皮肉なことに相互に使えない兵器、いわば禁じ手となってしまったわけです。

ところで、核兵器の意味は核使用の抑止に留まりませんでした。通常兵器による戦争には核兵器のような「共倒れ」という絶対的恐怖がなく、朝鮮戦争も通常兵器による戦争でした。しかし、その通常兵器によって核兵器を持つ国やその同盟国を追い詰めると、「あるいは核兵器を使うかもしれない」という疑念が生まれてきます。その結果、通常兵器で相手を無条件降伏にまで追い込むような国家間決戦も不可能となりました。総力戦の果てに待っているものが核兵器の使用、つまり世界の滅亡であるならば、もはや総力戦は不可能ということになります。

実際、朝鮮戦争以降の戦争のほとんどが、総力戦までは拡大させない限定戦、局地戦となっています。戦争の最後には、米ソという超大国が登場し、政治決着をつけるというパターンが定着するようになりました。

ナポレオンが始めた総力戦、国家間決戦の時代は、核兵器の登場を機に第二次世界大戦で幕を降ろしたことが朝鮮戦争で明確になったわけです。その意味で、朝鮮戦争は軍事的に画期的な戦争だったのです。

さて、マッカーサー将軍を国連軍司令官と書いたように、朝鮮戦争で北朝鮮と戦ったのは国連軍でした。中国の場合、当時、国連に加盟していたのは中華民国（台湾）であり、アメリカとまだ国交関係もなかった中華人民共和国は国連の外にいました。ソ連は安全保障理事会の常任理事国で拒否権を持っていましたが、朝鮮戦争ではそのソ連が安保理をボイコットしている間にアメリカが国連軍を創設してしまいました。しかし、この戦争の後、国連の集団安全保障措置に基づく国連軍が組織されることはなく、世界は集団的自衛権に基づく同盟の時代に移行していきます。そして、欧州では冷戦時代を通じてアメリカを中心とするＮＡＴＯ（北大西洋条約機構）とソ連中心のＷＰＯ（ワルシャワ条約機構）が対峙することになりました。

ところで、朝鮮戦争はアメリカにもう一つの教訓をもたらします。それは「軍事的な空白は侵略を呼び込む」ということです。

北朝鮮が朝鮮半島の統一を目指し三八度線を越えて南下した理由は、ひとえに「韓国軍は弱く、アメリカ軍は出てこない」と考えたことです。北朝鮮が韓国へ侵攻しても、アメリカは韓国の防衛を本気で支えないと考えたのです。現在では想像しにくいかもしれませんが、確かに戦後間もない時期、韓国にアメリカ軍はほとんど存在せず、わずかなアメリカ軍顧問団がいるだけでした。第二次世界大戦が終わり世界に平和が訪れ、兵士たちを一日も早く祖国に帰還させることがアメリカの世論であり、海外での兵員配備は減らしていかなければならないという国内的な政治事情がありました。さらに、当時の朝鮮半島にはアメリカにとって経済的な魅力もなかったため、政府関係者から「アメリカの防衛線はアリューシャン列島—日本列島—フィリピンにある」という発言が出たこともあります。また、戦車の配備を要望する韓国に対して、まともな武器を供与することもありませんでした。つまり、朝鮮半島南部には軍事的な空白状態が生じていたわけです。

朝鮮半島における軍事的な空白が侵略を呼び込み、悲惨な戦争を誘発してしまったことを思い知ったアメリカはこれ以降、世界に軍事的な空白地域をつくらず、各地域に即応性を持った部隊を置くように戦略を変更します。それまでは、侵略が起こってから、部隊を動員して駆けつけても十分に対応できるという考えがアメリカ軍にはあったようです。しかし、現実はそんなに甘いものではありませんでした。朝鮮戦争が勃発すると、ソ連製戦車を先頭に立てた北朝鮮の進撃は予想以上に速く、米韓軍は危うく釜山から海へと蹴落とされるところでした。もし、そうなっていたとすれば、朝鮮半島は共産主義政権の下で統一され、日本にとってもアジア諸国にとっても重い既成事実となっていたでしょう。

絶体絶命の状況下、米韓軍が仁川上陸作戦による形勢逆転まで何とか持ちこたえることができたのは、すぐ隣りの国である日本に、占領のためのアメリカ軍四個師団が駐留していたからでした。

この体験から、アメリカ軍は前線近くに軍隊を予め配置しておくことが戦争を抑止し、平和を維持する上で大きな効果を発揮することに気付きました。

それまでは、有事には核搭載爆撃機を飛ばして対応すればよく、海外の地上軍は減らしてもいい、という考え方でしたが、その後は通常兵器を装備した軍隊を平時から世界全体に配置することで、戦争の発生を未然に防ぐという戦略へと移行しました。

一方、こうしたアメリカの動きに呼応するように、ソ連も同じような戦略をとるようになり、両者が軍事的に衝突する熱戦は生起しにくくなりました。以後、米ソ両陣営が世界地図に空白をつくることなく軍事力を配置し対峙し合うという本格的な冷戦へと世界は入っていくことになります。

国民軍から職業軍へ

朝鮮戦争以前の軍事的常識では、軍隊、とりわけ陸軍は、戦争が始まることが明らかになってから動員され、戦場にかけつけるという形をとっていました。しかし、朝鮮戦争の教訓を得て、それ以降は陸軍も動員軍から常備軍へと次第に重心が移っていきます。戦争の抑止のために、「戦闘」そのものよりも「訓練しつつ存在（プレゼンス）する」時間が長くなりました。

常備軍は徴兵制の軍隊でも維持できないことはありませんが、部隊交代の頻度や訓練の練度維持の効率性から考えれば、志願制の方がはるかに適しています。さらに、平時の世論は兵役を重荷と感じるため徴兵期間は短縮される傾向が顕著となります。その結果、先進国を中心に、軍隊は徴兵制から志願制へと移行していきます。

軍事では、この変化を「職業軍化」と呼びます。職業軍化は勤務年数の長期化を意味するので、訓練の積み上げが可能になり、より精強な軍隊をつくることを可能にします。

その一方、人件費は徴兵制に比べて大きくなるため、財政面からは少人数の軍隊とすることが求められます。さらに、少ない人員で軍事力を維持するため、職業軍では機械化・情報化が進められ、高度な技術力が必要とされます。こうして軍隊のエリート集団化がもたらされることになります。

ちなみに、戦前の日本では原則的に海軍は職業軍であり陸軍は国民軍でした。軍艦は高額の投資を必要とする貴重品であり、また操作するには高度の技術力が必要とされます。したがって、乗員には長期間の教育、訓練を受けさせなければなりません。海軍の兵員は、徴兵による兵員もわずかながら存在しましたが、主力はあくまでも士官、下士官、志願兵でした。一方、陸軍の兵員は徴兵によるものが主力でした。国民の義務として兵役についた兵士たちを、「職業軍人」といわれた将校、下士官が指導・指揮する。その意味で、陸軍は国民軍であり、海軍はエリート軍だったわけです。いまや徴兵はなく自衛隊も志願制ですから、陸も海も空もエリート軍化の時代になったといえます。

話は少し横道にそれますが、エリートであった海軍の欠点は、国民から乖離しやすいところにありました。それに対して、どう対応したか。海軍はエリート化を極めることによって、国民に海軍に対する憧れを持たせる。そこに国民との連帯を求めようとしました。少々意地の悪い言い方をすれば、国民のミーハー的感性に訴えたといえなくもありません。

海軍は陸軍に比べると、どこか洗練され国際的なイメージが持たれていたようです。そういった意味では、国民が憧れる存在となるイメージづくりは成功したといっていいのでしょうが、それだけでは「国民からの乖離」という本質的問題の解決にはなり得ません。兵員数も多く郷里に近く存在していた陸軍さんは国民に親しみやすいものだったでしょうが、特定の港と見えない海の上にいる海軍さんは国民にとって遠い存在となりがちです。エリート志向は海軍の長所ともなり、欠点ともなったのではないでしょうか。

現在の自衛隊も帝国陸海軍の伝統を同様に継いではいますが、大分様子が変わってきています。陸・海・空自衛隊とも全員志願制となり、いずれも募集難に苦しめられています。志願制ですからエリート自衛隊になるべきなのですが、そんなことをいっている余裕はありません。

国民軍から職業軍へと変身を迫られた各国の陸軍にとっても、国民との乖離は最大の問題となっています。国民に憧れをもってもらうのか、国民に愛され感謝されるのか、国民とともに存在し戦うのか。どのような形で国民との関係をつくっていくのか、各国の陸軍は悩んでいます。

ベトナム戦争が残したもの

冷戦時代にアメリカが戦った戦争というと、朝鮮戦争とともに否応なく思い起こされるのがベトナム戦争です。ベトナム戦争をめぐっては、アメリカでは反戦運動が盛り上がるなど国内に亀裂を生むことになり、政治的、財政的、社会的に大きなダメージがありましたが、軍事的にはどんな教訓を遺したのでしょう。

ベトナム戦争は、ベトナム人民からみれば、植民地時代の宗主国であるフランスからの独立戦争の延長であり、国内戦というべきものでした。一方、アメリカは戦後、中国が共産党政権となり、朝鮮半島も北を共産党政権が支配するという状況の中で、共産主義勢力の進出をここで止めない限り、アジア諸国がドミノ倒しのように次々と共産化していってしまう恐れ、いわゆる「ドミノ現象」によって自由主義陣営が危うくなるという認識で、ベトナムを捉えていました。

アメリカは地上戦も含めた軍事介入に踏み切りますが、決定的な勝利をつかめないまま、犠牲者の増加とともに反戦の国内世論が高まり、撤退を余儀なくされます。一方で、軍事的にみればテロ・ゲリラという非対称脅威に対抗できず、自ら手を引かざるを得なかったというのが実情でした。

朝鮮戦争で「人海戦術」に負け、さらにベトナム戦争で「テロ・ゲリラ」という非対象脅威に破れたアメリカ軍は「もうこういう戦争はやりたくない」と考えたようです。ベトナム戦争終末時、アメリカに留学した私は「フォーゲット・ベトナム、リメンバー・ヨーロップ」という言葉を聞きました。確かに、彼らはヨーロッパ戦線では負けたことがなかったのです。そして、「アジアのことはアジアに委せたい」「海空軍については支援してもいいが陸軍は地元の部隊で」となり、同時に損害の多いアメリカ陸軍は特に人気のない兵種となりました。

この戦争がもたらした最大の軍事的変化は、アメリカ軍が徴兵制から志願制へと切り替えたことです。独立戦争に志願し従軍した「民兵（ミリシア）」を出自とするアメリカ軍が「国民軍」の伝統を捨てたのです。国の成り立ちからいえば革命的な変化ですが、戦後の軍事的環境からみれば時代の要請に応えた変化ともいえました。

そしてもうひとつ、純軍事技術的にみたベトナム戦争の遺産として特筆されるのは、ヘリコプターの活用とスマート（誘導）爆弾です。

ベトナムがフランスからの独立を目指した第一次インドシナ戦争（一九四六年〜一九五四年）では、フランス軍はディエンビエンフーの戦いのように要塞化した基地に閉じこもり、重要拠点を守るという戦術をとりました。これとは反対に、アメリカ軍は南ベトナムの農民を各地につくった戦略村に閉じ込めて北のゲリラから隔離し、その影響力を排除する作戦をとりました。仏米どちらも敗戦に終わるわけですが、陸・空が共同する立体作戦では、ディエンビエンフーでは輸送機が活躍したのに対し、アメリカ軍が戦ったベトナムの戦場では、「空飛ぶ天使」とも呼ばれたヘリコプターが主役となります。当初は、戦場からの戦闘員救出専用として登場したヘリコプターですが、次第に様々な用途に使われるようになり、ドアガンを装着して戦闘にも利用されるようになります。これ以降、歩兵とヘリコプターを組み合わせた立体的で機動的な作戦は、軍事作戦を展開する上での常識となりました。戦場を縦横無尽に駆け巡るヘリコプター部隊は、現代の騎兵隊とも呼ばれるようになります。

さらにもうひとつ、ベトナム戦争が生んだ新たな兵器としてスマート爆弾があります。B52戦略爆撃機による北ベトナムに対する絨毯爆撃、いわゆる北爆はあまり効果がなかったといわれますが、ＩＴ（デジタル）化によって爆弾そのものに頭脳を持たせたスマート爆弾は命中精度を飛躍的に高めた画期的な兵器として注目されるようになり、現在のピンポイント爆撃の原点となりました。朝鮮戦争で核兵器が使えない兵器になった後、命中精度向上によって爆撃の効果をあげる精密誘導兵器の開発が課題とされてきましたが、そうした発想から生まれた兵器が現実に戦場で使われるようになったのです。

こうして、戦略爆撃機の効果があがらず、スマート爆弾が新たに開発されたことは、爆弾のIT化を加速させることになりました。その進化は現在も続いています。

戦後の冷戦時代、核兵器を保有した米ソ両大国の二極体制の下で、総力戦は姿を消しました。朝鮮戦争、ベトナム戦争、ソ連のアフガニスタン侵攻など、米ソが直接参加した戦争もありましたが、いずれも限定戦・局地戦でした。イスラエルと中東諸国の数次にわたる中東戦争、インドとパキスタンの印パ紛争、ソ連と中国、中国とベトナム、イランとイラクなど国家間の戦争もありましたが、これまた地域紛争に止どまり、世界大戦にまでつながるような総力戦に至ることはありませんでした。

この時代、先進国陸軍の多くは「国民軍から職業軍へ」と変化し、「戦闘」そのものよりも「戦争抑止のための存在（プレゼンス）」を主たる任務とするようになりました。海軍にはイギリス海軍（ロイヤル・ネイビー）以来の伝統として、「現存艦隊」（フリート・イン・ビーイング）という言葉があります。艦隊がその海域に存在することによって、敵の海上活動を阻止・抑制するという海軍の戦略の一つですが、それがいまや陸軍や空軍にも広がり、「現存軍隊」（フォース・イン・ビーイング）という形で運用される時代となりました。要するに、現代の軍隊にとっては現実の「戦闘」よりも、戦争抑止のための「存在」が大きな価値を持つことになったのです。

以上述べたように、軍隊の役割は時代とともに大きく変化しました。

第四章　新たな脅威の時代

冷戦終結後の想定外の脅威

　歴史とは、まったくもって油断ならないものです。ある契機を境として、世界はそのかたちを劇的に変えてしまいます。

　戦後を生きてきた人々の中で、どれだけの人がソビエト連邦の崩壊を予測できたでしょうか。しかも、それはあっという間の出来事でした。

　一九八九年に米ソ冷戦の象徴でもあったベルリンの壁が崩れると、東欧に自由化のドミノ現象が起き、一九九一年には鉄壁とも思えたソ連が解体します。その結果、米ソ二極時代は終焉を告げ、世界はアメリカの一極体制となります。

　このとき多くの人々は、一方の極であったソ連が崩壊したことで、自由主義（資本主義）が全体主義（社会主義）に勝利した、これからは戦争のない平和な時代になる、と無邪気に喜んだのではないでしょうか。しかし、そうは問屋が卸さないのが人間の世界です。本書の冒頭でも述べたように、人間の本質はそのように甘いものではありません。事実、それほど時を置かず、我々はそのことを思い知らされます。

アメリカにとって確かにソ連という強大な脅威はなくなりましたが、結論からいうとそれで世界が平和になったわけではありません。世界各国の政治、経済、文化が、唯一の超大国であるアメリカを中心とした秩序の下に落ち着くというわけにはいきませんでした。それどころか、米ソのパワーバランスの下に、曲がりなりにも均衡していた世界の安定は崩れ、冷戦にかわって「混沌《カオス》の入り口」ともいうべき時代が到来します。その変化は、とりわけ軍事面において顕著なかたちで現前します。


一九九〇年、イラクのフセイン大統領は、米ソのパワーバランスという重石がとれるのを待っていたかのように、中東に自らが主導する新しい秩序をつくるべく、豊かな産油国である隣国クウェートに侵攻します。アメリカの一極体制を試すかのような軍事行動でしたが、すぐさまアメリカは反応し国連とともに多国籍軍を編成して翌一九九一年にはクウェートを奪還、イラクに制裁を加えます。いわゆる「湾岸戦争」です。

タガが外れるとは、こういう状況をいうのでしょう。国家間における地域紛争だけではなく、個々の国家にも遠心力が働きます。「資本主義」対「社会主義」というイデオロギー対立の終焉は、人々を各国・各地域に古くから根ざした宗教をはじめとする伝統的価値に回帰させることになります。そして、喚起された民族的価値（アイデンティティ）によるナショナリズムは、新たに国内や地域の紛争を促すことにもなりました。

一例をあげると、カリスマ的政治家チトー大統領亡き後も多民族国家として成立していたユーゴスラビアは、ソ連崩壊の余波を受けて分裂し、その過程で凄惨な内戦に陥ります。このユーゴスラビア紛争で、NATOは初めて域外非5条任務（集団安全保障）により軍事介入することになりました。NATOの域外であるばかりでなく、まだ国家になっていない地域からの要請に応えての集団的自衛権行使はできなかったからです。

一方、アメリカは米ソ二極時代とは異なる新たな脅威に直面することになります。

二〇〇一年九月一一日に起きた同時多発テロは、様々な意味で時代を画する事件でした。まず指摘されるのは、アメリカ本国で、ホワイトハウス（旅客機の墜落により未遂）、世界貿易センター、国防総省本庁舎（ペンタゴン）という政治・経済・軍事におけるアメリカの威信を象徴する施設が標的となり、攻撃を受けたということです。独立戦争以来、アメリカは日本による真珠湾攻撃という例外を除き、自国領土が攻撃を受けたことはありません。もちろん、戦後は皆無でした。要するに、あり得ないことが現実に起きたわけです。つまり、一極となった唯一の超大国とはいえ、現在のアメリカは決して絶対的な存在ではないということを世界中に知らしめた事件であったということです。

もうひとつ特筆されるべきは、攻撃の主体とその手段です。

9・11同時多発テロは、必ずしも国家とはいえない組織が国家を攻撃し得ることを明らかにしました。アメリカが主導した世界のグローバル化は、皮肉にもアルカイダのような、これまで想像できなかったテロ・ゲリラ組織を生み出しました。また、最近ではイスラム国のようにシリア、イラクなど既存国家の中に支配地域を持つような勢力まで出てきています。しかも、兵士は世界中から志願して集まってきます。

なお、9・11の特異性は、攻撃手段（武器）として民間旅客機が使われたということにもあります。序章で述べたことを思い出してください。すなわち、大量殺戮を可能にするのはミサイルや戦車だけではないということです。しかも、このテロは自爆をも厭わない宗教的熱狂を背景として実行されました。

このようにアメリカで起こった同時多発テロは、およそこれまでの戦争の概念とかけ離れた多様なかたちの脅威に、世界が否応なく向き合わざるを得ない時代となったことを如実に示しています。

リストラを始めたアメリカ軍

冷戦終結後の一九九〇年代、アメリカをはじめ世界中の軍隊は同時代の企業と同様に、リストラとＩＴ化の波に襲われました。企業や行政組織と同じように、効率化と技術革新への対応を求められたのです。また、そうした軍隊の組織改革の一方で、世界は先に述べたような新しい脅威に対処していかなければなりませんでした。

世界の秩序維持のためには、もはや冷戦時代のような「軍事的存在」だけでは対応できない時代となったことは明白です。アメリカの国力は第二次世界大戦直後のような絶対的なものではなく、その力にも限界があります。こうした状況の中で世界秩序（平和）の維持のためには軍事力をどのように使うべきなのか。新たな模索が始まりました。

ソ連という脅威を失ったアメリカがまず始めたことは軍縮です。いわゆる「平和の配当」を求め、軍事のリストラが進められました。一九八八年から一九九八年の一〇年間に国防予算は三〇〇〇億ドル台から二六〇〇億ドル台に削減され、陸軍の兵員は一〇〇万人から五〇万人と半減しました。同時に国内外の基地の整理が始まりましたが、アメリカ国内の基地の整理は政治的事情のために進捗しません。基地のある地方は、雇用など経済的な影響も大きいため簡単には閉鎖をすることができず、基地を地元に持つ政治家も反対します。したがってその分、海外基地の撤退に拍車がかかることになります。

アメリカの陸・海・空・海兵隊四軍は、ともに軍事的には「世界に引き続き戦力を投射する」ということが重要と考えていますから、海外からの基地撤収には難色を示しました。これに対して政治家は「海外基地に依存する軍」には予算を出さないと脅しをかけます。

そこで、予算獲得のために止むを得ず、空軍は海外基地に頼らずアメリカ本土から直行直帰する攻撃機を開発するという案を出します。陸軍は軽装備で敏捷に行動するストライカー部隊をつくり、九六時間以内に世界中どこへでも展開できるようにすると頑張りました。しかし、海軍だけは補給拠点となる前方基地なくして海外展開は考えられません。アメリカ本土の最西端となるグアム島の基地を強化したとしても限界があります。そのため、海軍の影響力が及ぶ海兵隊を身代わりにしても、日本の横須賀・佐世保という両基地だけは確保しようとしました。日本の二つの港は、基地の機能面からみても、地政学的な点からみても、アメリカの海軍戦略上かけがえのないものだったからです。

ところで、沖縄海兵隊基地のオーストラリア移転話が出たのもこの頃です。話がちょっとそれますが、ひとつ昔話を紹介してみましょう。

一九九五年九月、沖縄でアメリカ兵による少女のレイプ事件が発生しましたが、その翌年の四月、橋本・クリントン会談で基地問題を含む日米軍事協力強化に関する研究を開始することが約束されました。

その一九九六年夏、私は先輩の元空将に誘われ、ある「日米小会合」に参加しました。この会を紹介したのは、アメリカの民間会社のアジア代表として日本に在住していた人物ですが、彼は海兵隊を中将で退役した経歴を持つとのことでした。

出席者は日本側が元空将と、その同期である元海将、そして陸上幕僚長を退官した私の三人。アメリカ側は海軍系研究所の研究員である若い文官（博士）二人と海兵隊の少佐が一人。総勢六人で午前中に二時間ほど話し合い、昼食を共にした後に散会という一回限りの極めて私的で簡素な集まりでした。

この会合に誘われた際、私が「一体何を話すのでしょうか」と先輩に尋ねると、「朝鮮半島統一後に沖縄の海兵隊基地をオーストラリアに移すことについて、自衛隊の元将官たちの個人的な意見を聞きたい」ということでした。会合に臨むと、アメリカ側からの質問は先輩が予告した通りのものでした。

そのとき、質問に答えて私はこんな話をしました。

「朝鮮半島の統一がいつ、どういうかたちで成就するのか、今の私にはまったく予想できない。予測できない状況の下での行動について意見を言え、といわれても困る。朝鮮統一は朝鮮民族にとって良いことに違いないが、それが本当に極東アジアの平和と同義であるかどうかは現段階ではわからない。統一を前提として話すならば、その細部を示して欲しい。一般的にいえば、その統一はおそらく韓国側が主導するのだろうが、統一後に韓国は北の大国であるロシアおよび中国と初めて緩衝地域なしに直接向き合うことになる。そして、われわれ日本人としてはまったくそのような意識はないのであるが、韓国の人々からみると日本もまた恐ろしい大国である。そうした状況となった韓国は、前門の虎、後門の狼という心境に陥るかもしれない。そのとき、沖縄にアメリカ軍が存在しないということが、それらの関係にどういう影響を及ぼすのかということについては、その時点でのもう少し細かい政治情勢が示されないと分析ができない。そうした予測は可能なのか」

これに対して、文官の一人は答えました。

「あなたの質問はまことにもっともであり、われわれも悩んでいるところだ。しかし、それとはまた違った文脈もある。実は、韓国の国民もまた自国にアメリカ軍がいることを好ましく思っていない。以前からいろいろと問題もあった。だから、米韓両国で話し合い、米ソ対立がなくなった場合には、少なくとも米陸上戦力、すなわち第八軍は撤退させようということになっていた。しかし、米ソ対立はなくなったものの、北朝鮮があのような状態なので当面は撤退できないということになり、両国合意の上で現状が続いている。したがって統一が本当に成立した場合には、以前からの約束通りアメリカ軍は撤退しなければならないだろう。現在、日本では沖縄の海兵隊基地問題で反米感情が高まっている。韓国からアメリカ軍が撤退するときに、日本はなお海兵隊を沖縄に置かせてくれるだろうか。まずはあなたにそのことを聞きたい。実はわれわれはとてもそれが許されるとは思えないので、その時に備えて、今から海兵隊を他国に移すことを考えなければならないのだ。オーストラリア国民の意見についてはまだよくわからないが、少なくとも現在のオーストラリア政府は米海兵隊の基地と演習場を準備することに積極的な姿勢をみせている。われわれはこれから下調べのためにオーストラリアに向かうところだ」

アメリカ側の質問には答えず、私はさらに聞いてみました。

「ところで、オーストラリアから中国へ行くのとハワイから中国へ行くのでは、どちらが近いのか」

これについては「中国は広いので、その場所によって違う。だから、どちらが近いともいえない。ただ、オーストラリアの場合、同時に中東方面もカバーできるという利点がある」という話でした。

この小会合全体を通して感じたのは、彼ら研究員たちが「いずれ海兵隊が沖縄から引き揚げざるを得ないだろう」と分析し、「その場合でも横須賀と佐世保の海軍基地だけは絶対に確保しなければならない」と考えているらしい、ということでした。もちろん彼らが明確に言葉に出して言ったわけではありません。あくまでも会談全般の雰囲気から感じたことをもとに勝手に忖度した私見です。

海兵隊の少佐は「沖縄基地は、訓練環境に多少問題はあるものの、世界で最も良い基地の一つである。これを失うということは、海兵隊にとっては実に残念なことなのだが」と、昼食の際に語っていました。彼は海兵隊から海軍系の研究所に派遣された将校のようでしたが、午前中は二人の博士たちに遠慮してか、ほとんど発言していませんでした。最後に本音が出たのかもしれません。

さて、彼らがこの会談に満足したのか、不満だったのかはわかりません。アメリカ人らしい愛想の良さで笑顔で握手をして別れましたが、あの率直さからして、この後本当にオーストラリアに向かったのでしょう。

軍隊のＩＴ化とその課題

アメリカにおいて軍縮を進めるもう一つの柱となったのは、軍隊のＩＴ化（アメリカ軍ではデジタル化といいますが）による軍事の効率化です。この時代、企業経営の効率化にもＩＴ化が進められましたが、軍隊もＩＴ化により陸・海・空・海兵隊の情報を共有・統合するようになります。その結果、各軍が持つプラットフォームから発射されたミサイル・弾丸を各指揮装置が自動的に調整し、ピンポイントで標的に命中させることができるようになりました。各種のセンサー、情報伝達・処理装置、精密誘導兵器はネットワークシステムとなり、その効果はＲＭＡ（軍事革命）ともサージカルアタック（外科攻撃）とも呼ばれました。軍事のＩＴ革命、ネットワーク革命が始まったといっていいでしょう。

これらは、その後の旧ユーゴスラビア紛争、湾岸戦争、アフガニスタン戦争（前段）、イラク戦争（前段）で大きな成果をあげました。精密誘導弾が標的へ一直線に向かっていく映像を、テレビのニュースでご覧になった方も多いでしょう。

しかし、アフガニスタン戦争とイラク戦争では、政権の正規軍を倒した後に対テロ・ゲリラ戦に入ると、ともにＩＴ化した軍事力の限界が露呈します。結局のところ、一時は非効率として軽視されていた陸軍の兵力増強を迫られることになるのですが、これについては後述します。

さて、軍隊のＩＴ化にはもうひとつ課題がありました。すなわち、ＩＴ化はアメリカ軍内だけでの改革であったため、アメリカ軍と他国の軍隊の共同作戦では必ずしも有効ではなかったことです。そのため、特にＩＴ化におけるインターオペラビリティ（共同運用能力）の共有がアメリカと行動をともにする国に求められるようになります。アメリカ側からいわせると、これは「アメリカ軍を中心とする共同作戦の効率性を高めるための要求」でしたが、その一方で「アメリカ製の装備品の売却」のためではないか、さらには「友好国からアメリカに対抗する手段を奪うもの」ではないか、とアメリカの本当の狙いを警戒する声もあがりました。

アメリカという国には、どこかテクノロジー信仰のようなところがあります。コンピューターにしても、インターネットにしてもそうですが、確かにＩＴ分野でアメリカは世界をリードし、それが経済の強さにもなっていることは事実です。そのため、軍事でもＩＴによってネットワーク化、効率化を進めた軍隊をもってすれば、アメリカ軍はどんな戦いにも勝利できると考えているようなところがありました。そして、それがアメリカの空海重視・陸軍軽視という傾向につながりました。しかし、やがてこれが幻想であったことがはっきりしてきます。

一九九〇年代、旧ユーゴスラビアで起きたコソボ紛争に際し、アメリカ国防総省は陸軍を投入しませんでした。当時のライマー陸軍参謀総長が「山岳地のコソボに陸軍を投入すると、多数の死傷者が出る恐れがある。そうなれば、アメリカ国民が戦争を支持しなくなる」と反対したためです。結果的には、コソボを巡る戦いは空爆だけで決着しました。精密誘導弾が効果を発揮したのです。以来、アメリカ国防総省は「陸軍を投入しなくても、空爆、とりわけ精密誘導爆弾だけで戦争に勝てる」と信じるようになりました。

二〇〇三年のイラク進攻にあたって、シンセキ陸軍参謀総長は「陸戦に踏み切るのならば、大量の兵力を投入しなければならない」と主張します。湾岸戦争の際に統合参謀本部議長を務めた経験を持つ軍人出身のコリン・パウエル国務長官もこの意見に同調したといわれています。しかし、当時のラムズフェルド国防長官はそうした意見を聞かずに、わずかな陸上戦力で攻撃を開始します。開戦時は精密誘導爆弾と陸軍の騎兵隊的な急襲作戦が功を奏し、バクダッド攻略までは大成功でした。アメリカ軍が進めてきた情報武装と効率的な少数精鋭の軍隊の勝利に見えました。

しかし、その後がいけません。フセイン政権に対しては勝利を収めたものの、イラク国内はテロや国民の抵抗、宗教対立等で混乱、アメリカ軍は結局、治安維持のために陸軍を大量投入せざるを得なくなります。十数万人の陸軍を常駐させるには、四九万人の現役部隊ではまったく足りず、多数の州兵（予備役）を動員せざるを得なくなりました。そして、州兵は訓練不足のままイラクに送り込まれたために死傷者の数は増加し、アメリカ国内には厭戦気分が広がりました。

高度に情報武装した少数精鋭の陸上部隊と精密誘導爆弾を駆使するミサイル・航空部隊が連携する近代的軍隊ですべての戦いを制することができるというのは幻想だったわけです。正規軍には勝てても、テロ・ゲリラといった非対称脅威に対応することは困難であることがはっきりしてきました。

精密誘導弾による空爆にしても、完全な情報がない中では誤爆ゼロのピンポイント攻撃などは不可能であり、民間人に多数の犠牲が出ることにもなります。人道的問題として国際的にも批判されるし、イラク国内の反米感情に火をつけることになります。加えて、後になって準備不足の兵力を投入しても、間に合わないばかりか、かえって犠牲を増やすことにもなります。実際、友軍相撃の悲劇も多く現出しました。まったくの悪循環であり、ラムズフェルドの誤算でした。

その後、イラクの治安情勢は混迷を続けますが、ラムズフェルド長官の後任で、ブッシュ、オバマという二人の大統領に仕えたロバート・ゲーツ国防長官が二〇〇七年に陸軍を増派。イラクの治安回復にようやく道筋をつけます。

ともあれ、テロ・ゲリラを対象とした戦いに空軍や精密誘導爆弾だけで勝てるというのは誤りであり、結局のところ陸軍が地上戦を戦うしかない。それがアフガニスタン・イラク戦争の教訓でした。

対テロ・ゲリラ戦は最終的に人と人の戦いになるので、陸軍が出ないと収まらないと現在では考えられています。しかし、陸軍が必要とされる理由はそれだけではありません。テロリスト・ゲリラ側か、自分たちか、どちらが民心を得るかが「真の戦勝」にとって重要な要素となるからです。実際に民衆と接し、保護し、信頼を得る。中国では、心理戦、宣伝戦、法律戦を合わせて三戦といっていますが、テロリスト・ゲリラとの実戦だけではなく、この三戦によって民衆の支持を自分たちのものにしなければ、治安の安定は望めません。

精密誘導爆弾を使用した空爆は、最近では遠隔操作による無人爆撃機へと進化しています。アメリカ本土にいて衛星経由の映像を見ながら、イラク、アフガニスタンでのピンポイント攻撃が可能になるわけで、軍としては人的被害をゼロにすることはできるかもしれません。しかし、誤爆などの人道的問題の懸念は消えないうえ、機械で人を殺すようなイメージは現地の民心を得るという点では効果を見込めません。むしろ反感を買う懸念さえあります。

対テロ・ゲリラ戦にあたっては、厳しい決断になるものの、陸軍の投入がないと難しいというのが現状です。シリア、イラクで勢力を広げたイスラム国に対するアメリカを中心とした有志連合の空爆が始まった際に、空爆だけで解決するのかという議論がアメリカで出たのにも、こうした背景があるのです。

大量破壊兵器の拡散

冷戦後の世界において、秩序破壊を狙う国やテロ・ゲリラと並ぶもうひとつの大きな脅威は大量破壊兵器、つまり核兵器の拡散です。北朝鮮の核実験、弾道ミサイル実験のように、これは日本にとっても身近な問題です。アメリカがイラク戦争を開始した理由も、大量破壊兵器保有疑惑でした。結局、イラクに大量破壊兵器は存在しませんでしたが、「大量破壊兵器の拡散」は、国連で集団安全保障措置の発動理由となるほどの世界的「脅威」だったのです。

いうまでもなく、核保有国が増えれば増えるほど核を使用する際の敷居は低くなります。ましてテロ組織などに渡れば、さらに核兵器が使用されるリスクは高まります。国家間決戦を封じ込めていた「核の抑止力」も弱められ、世界秩序（平和）は脆弱になります。アメリカが神経質になるのは当然のことで、弾道ミサイル防衛計画など軍事的な戦略の見直しにもつながってきますが、これについては次章で詳しく解説します。

戦後における軍事の変遷

さて、ここまで二〇世紀から二一世紀の現在に至るまでの軍事の流れについて述べてきましたが、最後に戦後七〇年の間に戦争のかたちはどう変わってきたのかをまとめておきます。

① 陸戦から空戦へ

戦争は、領地を競い合う陸戦に始まり、世界が広がる中で海上交通を支配する海上戦へと移り、さらには航空技術の発展とともに空を支配するものが陸と海を支配する空戦の時代となった。

② 通常兵器から核兵器へと進み、再び通常兵器に

産業力、科学力に至るまで国家の総力を動員する総力戦の果てに核兵器が生みだされた。しかし、それは既に述べたように、人類の破滅をもたらす破壊力ゆえに「使えない兵器」となり、再び戦争は通常兵器で戦われるものになった。

③　個別的安全保障から集団安全保障へ

世界が多極化していた時代には、各国は覇権を競い、同盟といってもその場限りの関係であり、安全保障は一国で考えるものだった。しかし、アメリカ一極体制と国連の時代の下で、一国単位ではなく各国が共同で共通の利益を守る「集団的安全保障」（一九九〇年代以降日本ではこれを集団安全保障と呼ぶようになる）が一般的になった。その形式は、同盟、国連、有志連合と様々な形態をとる。

④「外交の失敗を覆す軍隊」から「外交のための軍隊」へ

国と国との利害が対立し、外交で調整できなかったときに、軍隊が出て行って決着をつける。これが古典的な軍隊のイメージである。しかし、現代では、国際秩序の維持のために軍隊の存在が発揮する政治的影響力が重視されている。

⑤「国民軍」から「国民に信頼され委嘱されたエリート職業軍」へ

軍隊が存在することが重要になると、先進国を中心に軍隊は徴兵制によって有事に動員される国民軍から、訓練された志願兵による少数精鋭の常備軍、エリート職業軍へと変化していく。

⑥「人力中心の軍隊」から「機械化・ロボット化・IT化された軍隊」へ

限られた人員・資源で精鋭化を進めるためにはITなどのテクノロジーを活用して、軍隊を高度化していくことになる。

⑦「戦乱時を戦う軍隊」から「平和維持のための軍隊」へ

戦争も兵器も軍隊も変化を続けてきた。その結果、戦前の軍隊と今の軍隊では、役割も大きく変わってきている。

もっとも、これまで指摘してきた変化は一般的なもので、このままの方向で進むのかどうか、問題があるものもあります。また、これらの要素が絡み合いながら、さらに新たな変化を生み出す可能性もあります。

戦場は陸から海、そして空へと広がってきましたが、現在はさらに宇宙空間、サイバースペース（電脳空間）へと拡大しています。宇宙もサイバースペースも今は自衛隊の守備範囲に入っていませんが、いずれ考えていかなければならないでしょう。

そして、二一世紀において重要なのは、こうした領域を一九世紀、二〇世紀的な領土争いの場ではなく、世界の共有資産、グローバル・コモンズと考えることです。宇宙もサイバースペースも各国が共有して利用するものです。各国の船舶が往来する海上交易路であるシーレーンも同様です。

領土・領海を守るのは、その国の軍隊です。しかし、こうしたグローバル・コモンズについては③で示した集団安全保障によって守るべきなのです。もはや一国だけで平和維持や防衛を考える時代ではありません。二一世紀の新たな脅威、そしてこれから登場してくるのかもしれない宇宙やサイバー分野での脅威については、集団安全保障という視点が欠かせないのです。

第二部

世界秩序をめぐる各国の動向

第五章　揺らぐ核の抑止力

なぜ核兵器は廃絶できないのか

既に述べたように、核兵器は基本的に使えない兵器です。

朝鮮戦争だけでなく、アメリカのケネディ政権下でも、一九六二年のキューバ危機に際して米ソが核戦争の瀬戸際まで行ったことがあります。いずれの場合も政治がその使用を許しませんでした。結局、核兵器は広島、長崎に投下された後、一度も戦争で使用されたことはありません。

それでは、使われない兵器は無意味なのでしょうか。そんなことはありません。私は、通常兵器を「実の兵器」、核兵器を「虚の兵器」と呼んでいますが、第二次世界大戦後の世界秩序は、この「虚の兵器」によって支えられてきたという面が大きいのです。

現在の戦争は、通常兵器という「実の兵器」により、目的・地域・時間・手段を限定した「限定戦争」となりました。国家間決戦を封じ込んでしまったという点で、核兵器は現在の世界秩序の維持に大きく寄与しています。そして、実はそれこそが「核の抑止力」であり、核兵器の存在意義となっているものなのです。

核廃絶を叫ぶ人々は、日本はもとより世界中に大勢います。逆説的ともいえますが、国家間決戦を封じ込めている理由は、その大量殺戮能力にあります。ですから、これまた逆説的ではありますが、核兵器の恐ろしさを喧伝することは、国家間決戦を封じ込める効果を高めるものとして歓迎すべきなのです。

ただ、「核兵器は恐ろしいから廃絶を」という人々は、「核廃絶の後、国家間決戦を封じ込める代替物は何か」という現実的な問いにも答えなければならないでしょう。もちろん、その代替物は兵器でなくてもいい。「国家間の決戦など決していたしません」と誓う世界七〇億の人民の良心でもいいでしょう。世界が信じ合えれば、確かに核は廃絶できるはずです。それが理想ではあるのですが、そうしたお題目を聞いて虚しさを覚えるのは私だけではないはずです。本書の冒頭で述べた通り、人間とは複雑な存在なのです。

ところで、核兵器はその性格上、軍事の枠を超えて、むしろ政治・外交に関わる存在となっています。核を保有するということは「誰が世界の国家間決戦を封じ込めているのか」、「誰が世界秩序の維持に寄与しているのか」ということにつながり、その寄与の度合いに応じて、各国の政治・外交上の発言力が決まってくるという傾向があります。

当初は、地球上の人類を何度も絶滅できるほどの核兵器のほとんどを、米ソ（米ロ）両大国が保有していました。先制核攻撃を仕掛けても相手の残存軍が核攻撃で報復し、双方が確実に破滅するという「相互確証破壊（ＭＡＤ）」という理論の下、両国は均衡を保ってきました。この間、イギリス、フランス、中国と核保有国は広がり、各国は核を保有する独自の理由を述べつつ、国際社会での発言権を少しでも大きくし、米ソに対して牽制する力を維持しようという点で足並みを揃えました。

核の拡散という新たな問題

冷戦が終わって世界情勢は変わりました。ソ連は崩壊し、ロシアは大量の核兵器を保持する能力を完全に失いました。ロシアがそうなると、アメリカも大量の核を保有する理由がなくなります。また、アメリカには財政健全化のために一層の軍縮を進めたいという事情もありました。そこで、米ロ二国間で核軍縮交渉が進められましたが、ここで新たな問題が出てきました。

第一に、核の保有量が大国のシンボルであり、世界に対する発言力の大きさだとすれば、米ロの核保有量が減るということは、英・仏・中三カ国の発言力が相対的に増大することを意味します。特に中国はさらなる核兵器増強を目指しており、それを隠そうともしていませんでした。

第二に、イギリス・フランス・中国の三カ国を追って、「既に核兵器を開発したとみられる国」、「核兵器を開発しようとしている国」が急増してきたことです。オーストラリア、スウェーデン、南アフリカ、アルゼンチン、ブラジルの五カ国は、核開発の意図を放棄したといわれていますが、イスラエルは核兵器を保有しているとみられ、インド、パキスタン、北朝鮮は既に核実験に成功、イランも核開発の動きをみせています。

こうして核の拡散が現実のものになると、多くの国が「わが国も世界滅亡の引き金を引くことができる」、つまり「我が国は世界の秩序維持を担っている重要国家なのだ」と主張し始めることになります。

核保有国が増えれば増えるほど、核を使用する敷居は低くなり、国家間決戦を封じ込めていた「核の抑止力」は弱められ、世界秩序（平和）は脆弱になります。それは同時に、アメリカの威信低下をも意味しています。

冷戦時代に相互確証破壊でソ連（ロシア）と対決することを核戦略の中心としてきたアメリカは、その戦略の見直しを迫られました。そこで、発言力を増すロシア以外の核保有国を牽制するとともに、さらなる核拡散を防ぐことを目的に登場したのがミサイル防衛（ＭＤ）戦略です。つまり、核保有中小国が数発の核弾道ミサイルで諸外国を恐喝したところで、「そんなものは自分たちのミサイル防衛で叩き落としてしまう。だから、核ミサイル軍拡のような意味のないことはおやめなさい」という政治・外交上のメッセージが、ＭＤには込められているのです。

かつての米ソ二極時代が終わり、アメリカ一極時代となった現在、アメリカにとっては当然の戦略転換ともいえます。この新戦略には、多極化による世界秩序の混乱を防ぐため、少なくとも核兵器の分野では一極の安定した状況を維持したいというアメリカの狙いが込められています。

それは、世界に冠たる軍事力を背景としたアメリカの発言力が維持されることが世界秩序（平和）の維持につながるという彼らの考え方からくるものです。

ミサイル防衛構想の意味

日本は戦後、アメリカ主導の世界秩序（平和）の恩恵を享受してきました。このことは、アメリカという国が、果たして正しい国なのか正しくない国なのかといった議論とは無関係な厳然たる事実なのです。そして、多くの日本国民は、理念としての平和よりも現実の平和が続くことを願っているはずです。したがって、少なくとも現在、日本がアメリカの新戦略に協力することは当然のことといえるかもしれません。

ただ、ミサイル防衛戦略への協力を国民に求めるにあたって、「これは日本国民悲願の核廃絶に至る道だ」などと解説する人がいるのは困ったものです。

この戦略には「防衛」という名称がついているため、日本独特の言葉である「専守防衛」のための戦略だと誤解する人がいるのですが、それはまったく違います。確かに、敵のミサイルを撃ち落とす部分については防衛（盾）なのですが、一方で相手がこの盾を打ち破るような攻撃（槍）を仕掛けてきたときにはこちらも槍で攻撃しますよ、という攻防相まった戦略なのです。盾を持ったからといって、槍を捨てるという話ではありません。

冷戦時代には、アメリカとソ連（ロシア）が互いに必殺の槍を持ってにらみ合っていて、盾など持たない方が混乱もなく経済的でもあるということで、両国の利害は一致していました。両国が大量に保有するすべてのミサイルを防ぐことは不可能だし、完全に防ごうとすれば膨大な予算を必要とします。あげくはミサイル防衛を突破するミサイルをつくろうとする不毛な開発競争にもなりかねません。軍事費は膨張するばかりです。こうした考えの下で、米ソは一九七二年に弾道ミサイルを迎撃するミサイル・システムの開発、配備を制限するABM（弾道弾迎撃ミサイル制限）条約を締結したのです。

しかし、超大国同士では手を結べたとしても、中小核保有国が相手の場合は事情が異なります。自分たちの国を壊滅するほどの大量の核兵器を相手が持っていないのであれば、盾を持とうという考えも出てきます。アメリカにとって、盾を持つことにより核を使わなくて済むのならば、それに越したことはありません。一方で、盾が不十分な場合には核を使って対抗するという考えも、もちろん捨ててはいません。要するに、アメリカは中小核保有国の核装備を自分たちと同格のものとはみていない。同格とみなせば、世界に対する発言権もアメリカと同じだと認めることになってしまいますから、そうした状況をつくりたくないのです。

完全な盾ができた場合には、核は不要になるのではないかという人もいるかもしれませんが、そもそも完全な盾などはつくりようがありません。核兵器は弾道ミサイルだけではなく、船や飛行機でも運び込めるし、対象国内で組み立てて爆発させる方法もあります。複雑多岐にわたる脅威に対して、弾道ミサイル防衛という形の盾はオールマイティな存在ではあり得ません。

重要なことは、核という相互大量破壊（必殺）兵器が世界からまったくなくなった時には、戦争に対する抑止力も失われ、第一次・第二次世界大戦のような国家間決戦の時代が復活する可能性が高いということです。

核の存在しない世界において、武力行使の限界を知らない国が相手を殺しさえすれば自分は生き残れると考え、通常兵器を振りかざして暴れ始めた場合、それに対抗することができるのも通常兵器です。そして、どちらかが死ぬまで、通常兵器による戦争が続くことになります。それが決戦というものです。核戦争の末路は世界滅亡ですが、通常兵器による戦争は人類が滅亡する恐れはない代わりに、果てしない混沌と無秩序を世界にもたらしかねません。

残念ながら、「虚の兵器」たる核兵器は世界秩序の維持のために、今後も引き続き存続し続けることになるでしょう。アメリカは核軍縮を進めようとしていますが、その核軍縮が核廃絶を目指すものだと誤解してはなりません。それが軍事的、政治的な現実です。

スターウォーズ計画とミサイル防衛構想

アメリカは一九八〇年代に戦略的防衛構想（ＳＤＩ）という弾道ミサイル防衛システムの研究・開発に挑戦したことがありました。いわゆる「スターウォーズ計画」です。レーガン大統領が一九八三年に打ち出したこの計画は、ソ連の崩壊とともに研究段階で終焉し、ついに完成しませんでした。しかし、このＳＤＩこそ最もアメリカらしいスケールの大きな政治戦略構想であり、大きな成果を収めたものといえます。

私のみるところ、ＳＤＩには政治・外交・経済・技術・軍事、それぞれの面で三つの狙いがありました。

第一は、官民の力をＳＤＩに集中させ、国家への精神的・物質的求心力を高めること。第二には、緊縮財政を進める一方でこの計画に資金を集中させ、技術も含めたアメリカ経済回復のための効果的な起動力とすること。第三は、ＳＤＩに対抗しようとするソ連の経済的・軍事的崩壊を促し、アメリカの優越的地位を決定的なものにすることです。

当時のアメリカは、ベトナム戦争での敗退により自信喪失気味で、政治的にも経済的にも下降線をたどっていました。軍事面でもソ連のアフガニスタン侵攻を許すなど受け身ともいっていい状態で、ミサイル戦力でも後れをとるようになっていました。そうした中で、起死回生策としてレーガン政権が打ち出したのがＳＤＩでした。そして、結果的にアメリカは三つの狙いをいずれも達成しました。

第一のアメリカの自信回復、第三のソ連の弱体化への効果について異論はないにしても、第二の経済力・技術力の復活については疑問を持つ人もいるかもしれません。確かにレーガノミックスは破綻したのではないかという意見もあるし、技術についても弾道ミサイルの撃墜を目的とするスターウォーズ計画は結局は実現しなかったではないかという批判もあります。しかし、改めて冷静に点検してみますと、この期間に、レーダーや衛星を利用した監視・警戒システム、レールガン（電磁加速砲）、高出力レーザー、金属・セラミックなどの各種新素材、ソフト、ハードを含めたITなど、SDI研究から直接生み出されたり、間接的に影響を受けて発展した技術は極めて多く、その恩恵は軍事に留まらず民間を含めた技術発展に貢献し、アメリカの経済力復活に大きく寄与しました。そして、それがブッシュ（シニア）政権を経て、クリントン時代に花開いたともいえるわけで、第二の目的に関してもそれなりに評価することができるでしょう。レーガン政権下でSDIは未完に終わってはいますが、その後の経緯をみればSDIは「失敗したプロジェクト」とは決していえません。

現代のミサイル防衛（MD）に話を戻しますが、アメリカにとってMDは中小核保有国の政治的発言力を牽制するとともに核ミサイルの拡散を防ぐためのものであり、ソ連を対象としたSDIとは異なった目的を持つものです。その一方で、第一にこれで国力を統一集中し、第二に技術・経済を発展させ、第三に他国に大差をつけようという総合的な狙いは、SDIとまったく同じ目的を有した戦略テーマであるといわざるを得ません。

ところで、SDIは一九九〇年代初め、ブッシュ（シニア）政権によって再検討されます。その過程で、米ソ（米ロ）間の紛争よりも、第三世界からの偶発的・限定的な核攻撃が問題であるとされます。そこで計画されたのが「限定的ミサイル攻撃に対する全地球的防御（GPAL）」です。この流れを受けて、次のクリントン政権は一九九三年に、SDIの終焉を明らかにするとともに戦域弾道ミサイル防衛構想（TMDI）を打ち出します。

この構想は、まず外国駐留軍と同盟国を守るための戦域ミサイル防衛（ＴＭＤ）とアメリカ本土を守るための国家ミサイル防衛（ＮＭＤ）の開発を優先し、その後に全地球的ミサイル防衛（ＧＭＤ）を検討していこうというものです。ＴＭＤとＮＭＤでは、防衛する範囲も目的も異なるので、当然技術的にも異なったシステムとなります。また、ＴＭＤは同盟国をも守るものなので、その開発も各国と共同で取り組むことになりますが、ＮＭＤはアメリカ（カナダを含む）独自の問題ですから、すべてアメリカ自身で開発しなければなりません。

そして、二〇〇〇年に就任したジョージ・Ｗ・ブッシュ（ジュニア）大統領が打ち出したのが、ＴＭＤとＮＭＤを統合したミサイル防衛（ＭＤ）構想です。

そこでの問題認識は、次のようなものでした。

① ソ連崩壊後の現在、ロシアの保有する弾道ミサイルはアメリカにとって最大の脅威とはいえない
② 最大の脅威は他国を脅迫する国々に拡散した大量破壊兵器や弾道ミサイルである
③ これらの脅威は量的には小さいかもしれないが、これまでと異なり核兵器による報復は必ずしも抑止力とならない
④ アメリカは友好諸国と協力し、こうした兵器が「問題国家」の手に渡ることを阻止し、これら兵器の使用を抑止する

⑤　このため、攻撃に防御を加えた「二つの手段による抑止」という新しい概念を採用する
⑥　敵弾道ミサイルの迎撃においては発射直後、加速段階での攻撃が有望であり、海や空からの発射が有効と考えられる
⑦　このため、迎撃ミサイルの配備を規制したＡＢＭ条約の束縛を乗り越える必要がある
⑧　効果的なミサイル防衛網が構築されれば、攻撃を担う核戦略部隊は当然、削減される

このミサイル防衛の技術的な特徴は、敵がミサイルを発射した直後、加速段階（ブーストフェイズ）での迎撃と海空のプラットホームからの発射というところにあります。これまでアメリカ本土を守る国家ミサイル防衛（ＮＭＤ）では、どちらかというと宇宙空間（ミッドコース）や終末段階（ターミナルフェイズ）での迎撃の可能性に着目して、当該分野の研究が続けられてきました。敵のミサイルの発射位置がアメリカ本土から遠いため、これは当然のことといえます。しかし、高速で飛来する弾道ミサイルに迎撃ミサイルを当てるのはもともと極めて困難です。そのうえ、終末段階で敵のミサイルの弾頭が複数に拡散するもの（複数個別弾頭＝ＭＩＲＶや複数機動弾頭＝ＭａＲＶ）であったり、レーダーなどを撹乱する偽弾頭（デコイ）を放出したりするミサイルもあり、さらに対応が複雑になります。その技術的な困難さは容易に想像がつきます。

一方、敵弾道ミサイルの発射地点近くに迎撃プラットホームを持つ戦域ミサイル防衛（ＴＭＤ）の場合は、発射直後の加速段階での迎撃が可能になることから、この部分での研究を進めて

きました。加速段階ではミサイルの速度は遅いことから、当然ながら迎撃ミサイルも当てやすい。そして、その実現性がみえてきたことから、国家ミサイル防衛を戦域ミサイル防衛の方へ引き寄せて一体化したのではないかと、軍事技術専門家は分析しています。

また、それに加えて敵の核弾頭をできるだけ敵地、あるいは敵地周辺で落としたいという理由もあるかもしれません。「キネティック弾頭」と呼ばれる迎撃ミサイルの弾頭は、いうなればただの金属の塊であり、それが核弾頭に当たった時に弾道ミサイルを核爆発させずに破壊する仕組みになっていますが、絶対成功するとは必ずしも言い切れません。迎撃の際に弾頭が核爆発する可能性が残っているのだとすれば、撃墜地点が敵地、またはその周辺に近い方がいいことはいうまでもありません。

ところで、戦域ミサイル防衛型のミサイル防衛システムの実現には、情報共有や運用など諸外国との関係が影響してきます。敵地から発射された加速段階で迎撃する場合、情報はできるだけ早く入手したい。偵察衛星からとる情報だけでは不十分で、敵地周辺にあるレーダーなど、陸・海・空の各種センサー情報と照合しなければなりません。そうした情報は、友好諸国の協力なしには得られません。一方、友好諸国からすれば、その情報協力が自国の防衛と関わりなく、すべてアメリカ本土の防衛のためだとすれば、そう簡単には受け入れられません。運用の結果を共有できる者だけが情報を共有できることになります。アメリカが戦域ミサイル防衛と国家ミサイル防衛を区別せず、情報も迎撃も友好国と協力しつつ前方を重視する方針を打ち出したのには、こうした背景もあるのでしょう。

弾道ミサイルの加速段階とは、発射後の数分間のことです。射程によって異なりますが、射程一〇〇〇キロから三〇〇〇キロのタイプで一、二分といわれています。その間、ミサイルはまず直上に上昇し、やがて方向転換をしてブースターを切り離し、弾道に入ります。したがって、加速段階で撃墜するということは、弾道の方向も速度も確定できない段階で迎撃ミサイルやレーザーを発射するということです。

実はこの加速段階での迎撃はアメリカの永年の目標ではあるのですが、未だ実現していません。この段階で撃つ迎撃ミサイルやレーザー光線、あるいはレール・ガンといったものは、航空機で敵基地近くまで近接し短距離でそれを発射しなければならないので、近接そのものが危険であるばかりでなく敵のミサイル発射に即応できるような位置に常時存在できないからです。

現に日本にあるイージス艦搭載のSM3システムの場合は、弾道ミサイルの速度・加速度が一定とみなされてから発射するものであり、明らかに加速段階（ブーストフェイズ）用とはいえません。そのため、狭い日本海上で国土側に向け発射するよりも太平洋側から迎え撃つかたちにした方がいいという説もありますが、そうすると速度は遅いが海面すれすれに飛んでくる巡航ミサイルにイージス艦はまったく役に立たないという問題が出てきます。

いずれにせよ、現在のところミサイル防衛（MD）は完璧なものではなく、日本国土に向かう弾道ミサイル・巡航ミサイルを完全に無力化することはできません。

現在のアメリカ海軍は、友好国軍とネットワークを組んでミサイル防衛網を組もうとしているようです。友好国軍のイージス艦およびレーダー網を広く東南シナ海・日本海・太平洋に配置して、互いに情報を共有するだけでなく最も適切なプラットホームから迎撃ミサイルを発射できるようにしようというわけです。そのための情報システム・指揮システム（射撃統制システム）も既にできていて、これから各国に輸出されるイージスシステムにセットされるだろうといわれています。既にアメリカ太平洋艦隊にはオーストラリア海軍艦隊が配属され、太平洋艦隊の副指揮官や幕僚にオーストラリア海軍士官が着任していて、かつての連絡将校（LO）ではなく交換将校（EXO）と呼ばれているようです。

ここまでくると集団的自衛などという話には収まりません。各国の防衛ではなく太平洋の防衛ということになります。太平洋は当然グローバル・コモンズということになり、そこでは集団的自衛ならぬ集団安全保障が要求されることとなります。

ミサイル防衛の目的は自衛ではなく世界秩序維持

敵ミサイルが果たして日本に向けて飛んでくるのか、あるいは外国を狙ったものなのか、まだわからない段階で日本が迎撃ミサイルを発射したとしたら、それは集団的自衛権の行使ではないのか。そのためには憲法解釈の変更が必要ではないか。安倍政権が誕生して以来、議論が活発になっているところでもあります。

敵のミサイルが既に一発でも着弾した後であれば、それ以降のミサイルも日本を狙ったものである恐れがあるとして、すべて要撃することになるでしょう。これは個別的自衛権の範囲となります。また、敵が日本に向けてミサイルを発射すると予告し、脅しをかけてきた場合にも個別的自衛権が成立するので迎撃ができます。しかし、予告もなく、日本には一発も着弾していない段階で、どこへ行くのかわからない敵ミサイルを要撃することは、現在の日本にはできません。

こうしたことから、日本はミサイル防衛に参加できるのかどうか。あるいは参加するために集団的自衛権の憲法解釈を変更すべきだといった議論が巻き起こってくるわけです。しかし、集団的自衛権の行使が認められたとしても、世界のどこの国にも着弾していない段階で要撃していいのかどうか。アメリカからの支援要請がない段階で発射することはどうなのか。さらには、日本が収集した情報のアメリカへの提供は集団的自衛権の範囲内かどうか、といった論争もあり、議論は尽きません。

私は、日本がアメリカのミサイル防衛に参加することを集団的自衛権と絡めて議論するのは、やめたほうがいいと考えています。アメリカはミサイル防衛を自衛のためのもの、つまりアメリカ本土の自衛、友好国日本の防衛、日本に駐留するアメリカ軍の防衛のためのものとは考えていません。彼らは、アメリカを中心とした世界秩序の維持、発展を目的にしているのです。一方、日本では北朝鮮のノドンやテポドンが日本に落ちないようにするためのものと単純に考えている人が大勢います。それはまったくの間違いとはいえませんが、アメリカや諸外国が考えているミサイル防衛全体の極めて小さな一部に過ぎないということを知るべきです。

アメリカなど諸外国と日本とのミサイル防衛に関する対話には、すれ違いがよく発生します。しかし、ロシア、中国、フランスなど西欧諸国とアメリカとの対話では、そのようなことは起きません。ミサイル防衛について、お互いの意図をよく理解しているからです。世界戦略上での位置付けを認識した上で、自国の国益を踏まえた外交折衝を続けています。

繰り返しますが、アメリカは、自らを含む特定の国を守るためではなくアメリカ主導の秩序維持のためにミサイル防衛を考えているのです。ですから、このシステムには世界の主要国すべてが参加して欲しいと考えているに違いありません。「問題国家」のミサイルに対抗するために、ということは、このシステムに参加しない国は「問題国家」であるといっているようにも思えます。

問題国家、すなわち世界の孤児になりたくなければ、このシステムに参加しなさいと、アメリカはフランス、ロシアはもちろん中国にもシグナルを送っているのです。しかし、フランス、ロシア、中国などの各国は、これに唯々諾々と従うわけにもいきません。なぜならば、これは国際社会における今後の発言力に関わる問題だからです。最終的には参加するにしても、それまでにいろいろと注文をつけ、自国に有利な条件を勝ち取ろうとするでしょう。

ともあれ、アメリカ主導のミサイル防衛は、自衛の分野に属する話ではなく明らかに集団安全保障の範疇で考えるべきものです。世界の主要国が合意して、そこに強力なシステムができたとすれば、そこに国連が介在しようとしまいと、現実的な集団安全保障体制となります。そして、そのシステムの外にある者は「孤立者」であり、「問題国家」と認識されるということになるわけです。

ミサイル防衛について日本が考えるとき、最も留意しなければならないのは、実はノドンやテポドンの恐ろしさではなく、無知、無意識のために世界から孤立し、大量破壊兵器の拡散と抑止力の希薄化が現実的な脅威となった二一世紀の国際社会の中で問題国家とみなされてしまうことなのです。我々は、そうした政治的、軍事的、歴史的な文脈の中でミサイル防衛を理解し、日本の安全保障を考えていかなければなりません。

第六章　北朝鮮という脅威

大量破壊兵器拡散と非対称脅威を象徴する国

朝鮮民主主義人民共和国（北朝鮮）という国は、いささか不謹慎な表現かもしれませんが、実にユニークな国です。国外ではテロ、拉致誘拐、麻薬輸出、偽ドル札製造、国内では極端な言論圧殺と監視体制、長期にわたる飢餓、恒常的に行われる粛清。とまあ、現代世界でここまで負の表現が連ねられる国は珍しく（というより存在しない）、ほとんど漫画的でさえあり、国家として成立していること自体が不思議なくらいです。

また、この国は一応社会主義国家とされていますが、世襲制の社会主義など私は寡聞にして聞いたことがありません。近代の国家というよりは、中世の王朝にその内実は近いのではないでしょうか。そして、初代首領様である金日成から、正日、正恩と代は移っても、軍事独裁政権であることに変わりはありません。むしろ、初代から二代目、三代目と代を重ねるごとに国際常識から逸脱する度合いが大きくなっているようにも見受けられます。

このように、北朝鮮は実に困った国ですが、日本にとっては隣国でもあることから笑い事ではすみません。

現在の日本にとって現実に存在する軍事的脅威は何かと問われれば、その答えは北朝鮮です。なぜなら、北朝鮮は現在の世界秩序を脅かす「大量破壊兵器の拡散」と「非対称脅威」を象徴する存在であるからです。総合的にみれば、その軍事力は貧弱ですが、ともかく日本も韓国も持っていない核ミサイルを保有し、一〇〇万を超す陸軍就中一二万〜一五万ともいわれる「特殊部隊」を抱え、その第五列（既に日本に潜入している北朝鮮工作員）も相当数いるとの噂もあります。そしてその行動は、時の権力者のキャラクタに大きく左右されることから予測不可能です。

「北朝鮮の核ミサイル脅威にはアメリカの核抑止は必ずしも効果なく、これには集団安全保障の枠内でのミサイルディフェンス・ネットワークに入るしかない」と前章で述べましたが、そのネットワークに入ったとしても一〇〇発以上のノドンを日本国土に撃ち込まれたなら、それを防ぐことはできないでしょう。無論一〇〇発すべてが核弾頭とはいいきれないので、それによって日本全土が壊滅することはありません。しかし、こういう場合に備えて中国、スイス、スウェーデンが既に実行しているように、シェルターを設け民間防衛組織の訓練をすることは必要です。

「まさか北朝鮮が日本にミサイルを撃ち込むことはないだろう」という声は多いのですが、このような国は政治的に孤立し追い込まれると誰に対して何をするかわからないところがあります。

また、北朝鮮主導によるテロ・ゲリラの発生公算もかなり高いとみて準備をする必要があります。

現在の朝鮮半島問題が、熱戦や治安危機に変化するのか、あるいはまた延々と続く六カ国協議に戻るのかについて断言できる人はいないはずです。また、仮に六カ国協議に戻ったとしても、そこで、北朝鮮が孤立し、追い込まれたと意識したとき、先に述べたような熱戦・治安危機を警戒しなければならないことは明白です。したがって、北朝鮮という国の存在は日本にとって「今そこにある脅威」といっていいでしょう。

それでは、日本は北朝鮮に対してどう対応し、何を準備すべきなのでしょうか。

もし有事に至った場合には、中国がどういう立場をとるかが最大のカギとなります。ただ、米中両国はともに米中関係の悪化も朝鮮半島の混乱も望んでいません。かつての朝鮮戦争のように、南北対立が米中戦争に発展する可能性は極めて低いと考えられます。

ところで、一九五〇年から三年間にわたって戦われた朝鮮戦争は、現在「休戦中」ということになっています。六〇年以上前の話で日本では忘れられがちですが、いまだに終戦も講和の措置もとられていません。そして朝鮮戦争は北朝鮮・中国と韓国・アメリカの戦争のように思われがちですが、アメリカは国連決議を経て国連軍を編成して戦いました。中国は当時まだ国連には加盟しておらず、正確には北朝鮮・中国・ソ連（空軍のみ）と国連軍の戦いでした。したがって、休戦が破られることになると、一九五〇年代当時の国連決議や国連軍参戦一六カ国共同政策宣言が引き続き有効となり、休戦時に再結集を約束した朝鮮国連軍参加国の多くが参戦することになるでしょう。

国連は、現在も休戦が守られているかどうかを監視するために国連軍司令部を韓国の龍山《ヨンサン》に置き、日本にも七つの基地と後方司令部を有しています。この国連軍司令部は、休戦が破られると同時に再び国連軍（多国籍軍）をその指揮下に入れ、戦闘ができるように準備しています。

北朝鮮は一九九一年に国連に加盟して以来、安全保障理事会に対して国連軍司令部の解体を幾度となく要求していますが、いまだに認められていません。北朝鮮自身が過大な軍備を削減しない限り、安保理は応じないのです。

日本の国連軍基地は、一九五四年に日本、アメリカ、イギリス、フランスなど一〇カ国によって調印された『国連軍地位協定』に基づくものです。在日米軍基地のうち横田、座間、横須賀、佐世保、嘉手納、普天間、ホワイトビーチなど七カ所が国連軍用基地にされていて、かつて座間にあった国連軍後方司令部は二〇〇七年に横田に移りました。これらの基地には時折、国連旗を掲げたアメリカ軍以外の艦艇や航空機が来訪することもあります。

日本政府は一九九九年に『周辺事態法』を制定しました。これは朝鮮半島で熱戦・治安危機が発生した場合、アメリカ軍を支援するにあたり『米軍地位協定』だけでは不十分という認識の下に策定されたものです。そのため、周辺事態法はアメリカ軍への支援だけを想定したものになっています。しかし、朝鮮半島での不測の事態に備えるのならば、周辺事態法の中に「国連軍支援」も明文化しておく必要があります。

二〇一五年三月一三日のニュースによると、この「周辺事態法」を「重要影響事態」と定義し直し、日本周辺以外でも後方支援が可能になるようにし、他国軍への支援もできるようにする方向で与党協議が決まったとのことですが、これは「国連軍支援」をも含むことになるので大いなる前進と評価すべきことです。

なお、この国連軍地位協定に韓国は参加していません。そのため、韓国との間でこの協定を調印・締結をしておかなければなりません。特に朝鮮半島で紛争が発生した場合、韓国内の米韓両軍基地は脆弱になるので、米韓両軍を含む国連軍にとって日本の基地は極めて重要な意味を持つことになります。

ちなみに在日アメリカ軍の横田基地が広大な飛行場を持つのは、紛争時に各国から集まる物資の集積・輸送拠点の役割を果たすからであり、沖縄経由で韓国に投入される海兵隊は橋頭堡の確保や民間人救出の役割を担うことになります。

こうした基地の提供のみならず、国連軍に日本の港湾・空港などを提供し、それ以外にも様々な援助を与えることが、直接参戦できない日本にとって何よりも重要な役割となります。そして、援助の多くは情報・後方兵站を含む軍事援助なので、陸・海・空自衛隊が中心となって実施しなければならないでしょう。また、日本、アメリカ、韓国、オーストラリアなどとの軍事的な連携が求められていますが、こうした援助をしっかりとできるように準備することで、その連携が現実のものとなります。

ところで、北朝鮮が紛争を起こすのであれば、日本の自衛隊がその国連軍に参加して、朝鮮半島に戦力を及ぼしてはどうかという意見があります。しかし、それはできません。北朝鮮の人々も韓国の人々も、歴史的経緯から日本の戦力が朝鮮半島に及ぶことには極めて敏感であり、その結果は事態を複雑にするだけです。また、北朝鮮の核ミサイルの脅威に対抗して、前述のように、ミサイル・ディフェンスの効果が不十分であるのなら、日本は敵地攻撃能力を高めるべきだという議論もありますが、この敵地攻撃についても同様です。

敵地攻撃の難しさ

北朝鮮の核ミサイルの脅威に対抗し、二〇一三年六月、自民党は『新防衛大綱』に対する提言の中で「敵ミサイル基地攻撃能力の保有」という検討項目を掲げました。北朝鮮が日本に対してミサイルを発射するような事態になった場合、日本は敵地（北朝鮮）のミサイル基地を攻撃し破壊する。そのための攻撃能力を持つということです。結局、同年七月の「防衛省在り方検討中間報告」では「弾道ミサイル攻撃への総合的な対応能力充実」という表現に留めましたが、新聞各紙は「ここには「敵地攻撃能力」が念頭にある」と伝えました。

さて、この敵地攻撃能力については賛否両論あります。産経新聞が「敵地攻撃能力の明記を」と主張すれば、朝日新聞は「専守の原則忘れるな」、東京新聞も「専守防衛わすれるな」と論評しました。「緊張高めず慎重議論を」とした毎日新聞は「北朝鮮はほぼ日本全域を射程に収める『ノドン』二百発を移動式発射装置に搭載し、山岳地帯の地下施設に配備しているとされる。位置や発射の兆候などの情報を把握するのは簡単ではない」と説明していますが、この見方に私も同感です。

敵地を攻撃するといっても、軍事的な観点から考えると、これは至難の業です。アメリカですら、目標情報が摑めないと嘆いているという現状で、日本がどのように独自に目標情報を得るのか。北朝鮮を二四時間監視するためには、どれだけの偵察衛星が必要なのか。また、偵察衛星網を敷くことによってミサイルを発射した場所は特定できたとしても、移動式発射台なのでミサイルはすぐに移動してしまうでしょう。結局、機械的な監視には限界があり、人的な情報の収集をもっと強化しなければなりません。有り体にいえば、スパイを送り込まなければならないということです。

さらに攻撃兵器の問題もあります。日本が核兵器を保有していれば、敵ミサイル陣地にでも、あるいは平壌（ピョンヤン）のような都市にでも効果的な攻撃ができるでしょうが、核はないのだから、攻撃のためには空爆であろうとトマホークのような巡航ミサイルであろうと天文学的な弾量を整備する必要があります。そのための予算をどこまで投入するのでしょうか。しかも、その効果は未知数です。

さらに、それ以上に問題となるのは、韓国が日本の攻撃を許すのかということです。

以下、韓国の軍人たちとの会合における個人的な体験を述べておきます。

既に一〇年以上も前のことですが、東京で韓国の陸海空軍将官ＯＢと自衛隊の将官ＯＢが会合を持ったことがありました。そのとき、ある先輩が基調講演で「北朝鮮がミサイルで日本を威嚇するようなことになったら、我々もミサイルで北朝鮮を攻撃できるようにする」と発言したところ、韓国側の人たちが「何を言うか。あの土地は我々の国のものだ。日本に勝手な真似はさせない。そんなことをするならば、我々が日本の相手をしてやる」と、総立ちになって反発しました。

私はそのとき、本当に驚きました。いま日韓関係は竹島や従軍慰安婦などの問題で良好な関係とはいえませんが、それ以前の話です。日本と韓国はともに北朝鮮を脅威としている国であり、ともにアメリカの同盟国として日米韓は協力関係にあるはずです。しかし、それ以上に韓国の日本に対する民族感情は複雑です。軍事を語るにしても、そうした問題が存在することを我々は忘れてはなりません。

「敵地攻撃能力」の向上を語ることは簡単ですが、軍事技術的な実現可能性、そして朝鮮半島の人々に残る日本に対する民族感情といった要素を抜きに語ることはできないのです。日本人救出といっても、自衛隊が直接韓国に入ることは現実的ではありません。では、何もしなくてもいいかといえば、そういうわけではありません。ここで、従来型の「個別的安全保障」ではなく、「集団（的）安全保障」の枠組みの中で対応を考えることが重要になってくるのです。複雑な民族感情を超えて協力していくためにも、国連軍または多国籍軍という枠組みを活用することが重要になるわけです。

日本の核武装

政治家の中には、北朝鮮の核実験に対抗して、日本も核武装の議論をすべきだという人がいます。北朝鮮の核装備に対して、アメリカ、中国、ロシアの態度をより真剣なものにさせるための外交手段としては当然の発言だと思います。しかし、それ以上に大切なことは政治家の皆さんが政治・軍事の問題に正面から向き合い、「今そこにある危機」ともいえる北朝鮮の脅威に対抗する防衛力を、法制面も含めてどう整備するかを真面目に議論し、その議論を国民に伝え、この重要な問題について感情論ではなく論理的な国民的合意を導き出すことだと思います。

重要なのは、ただ核兵器の議論をすることではなく、関連するすべての政治・軍事問題を広く、かつ、もれなく検討し、核を持った場合、あるいは持たない場合の外交の在り方や在来兵器による防衛力整備の在り方を議論することなのです。

政治的にいえば、核武装論の裏側には、「中国の軍備増強への対応」や「アメリカに対する日本の自主性確立」という問題が潜んでいます。イラク戦争以降のアメリカの退潮をどうみるのか、本当に「軍事については現在もアメリカ一極」といえるのか、それとも既に「軍事も多極」なのか、あるいは「多極になりつつある」と考えるのか。まずは世界情勢を正しく認識するところから議論は始まらなければなりません。さらに、もし一極が揺らいでいるのだとしたら、日本はこの一極秩序維持のためになお協力すべきなのか、あるいは世界の軍事的多極化を促進すべきなのかを議論し、国家としての進路を判断しなければならないのです。

軍事的に核兵器と在来兵器の役割を明確にするだけでなく、いま世界で核兵器は「本当に使えない兵器なのか」、「どういう条件で使われる可能性があるのか」を議論すべきであるし、日本が自ら保有するとして、その使用目的・場面をどう限定するのか、その場合の友好国との連携のあり方、周辺諸国への影響などについても厳密に検討していかなければなりません。

さらに、核兵器に替わって「使える兵器」としての役割を期待されている精密誘導弾によるピンポイント攻撃はどこまで有効なのか。核ミサイルに対する「防御兵器」であるミサイル防衛システムはいつになったら役に立つようになるのか。さらに韓国の領土内で陸戦が始まった場合、韓国・アメリカなどの陸上軍はどのように戦い、その際に日本や中国はどういう対応をするのか、難民流出・テロ・ゲリラに日本はどう対応するのか、などについても一連のシナリオを想定し、それぞれについてシミュレーションし、備えておく必要があります。

戦車の再評価

時代とともに兵器の役割も変わります。戦車というと、皆さんはどのような印象を持たれるでしょうか。冷戦が終わり、ソ連（ロシア）の脅威も遠のいた現在、戦車など本当に必要なのか、と思われている方も多いかと思います。しかし、朝鮮半島で紛争が起こった場合、日本でも戦車は有効な兵器となり得ます。とはいえ、朝鮮半島で使うのではありません。まずは戦車の役割から説明していきましょう。

今から四半世紀前、米ソ冷戦下、ヨーロッパではソ連の戦車五万両に対して、NATO（北大西洋条約機構）諸国が約二万両の戦車を保有し対抗していました。それは理解できるにしても、四方が海に囲まれた島国の日本が一二〇〇両の戦車をなぜ保有していたのか。

当時の軍事状況は、次のようなものでした。

ソ連のSLBM（潜水艦発射弾道弾）は、日本海からだとアメリカ本土を射程に入れることができませんでした。そこで、米ソが戦争となった場合、ウラジオストックの極東艦隊は何としても日本海から出てオホーツク海に進出しなければならず、その航路を確保するために、宗谷海峡南岸、津軽海峡両岸を陸上戦力によって占領するだろうと予測されていました。その対抗策として、日本側の最も有効な兵器とされたのが戦車でした。この日本の防衛態勢が米ソ戦を抑止し、日本の平和を担保するという狙いもありました。

では、冷戦が終わりロシアも西欧諸国も戦車を削減した現在、戦車の役割は何なのか。実は、戦車には新しい役割が生まれているのです。対テロ・ゲリラ戦です。

現代の戦車の役割で筆頭にあげられるのは、テロ・ゲリラに対処する歩兵の支援です。イラク戦争やアフガニスタン戦争で、アメリカ軍は精密誘導弾、無人偵察機、偵察衛星などIT技術を駆使したピンポイント爆撃で敵を壊滅させようとしました。しかし、民間人が犠牲になったり友軍を誤爆したりしたこともあり、この作戦は想定したような効果をあげることができませんでした。そこで、アメリカ軍は歩兵を大増強し治安回復を進めたわけですが、この歩兵を直接支援するものとして戦車の存在が重要な役割を果たすようになりました。かつての戦車は敵歩兵の持つ簡単な対戦車火器に対して脆弱だったのですが、最近の戦車はそうした敵の火器に最も強い兵器になったためです。

それでは、現在の日本にどれだけの戦車が必要なのでしょうか。冷戦時代の防衛大綱では戦車の定数は一二〇〇両でしたが、その後は削減が続き二〇一三年の二五大綱では三〇〇両と四分の一になっています。テロやゲリラとの戦いの原則は歩兵対歩兵ですから、歩兵が多ければ必ずしも戦車は必要ないかもしれません。しかし、神出鬼没のテロリスト・ゲリラに対処していくには極めて多数の歩兵を必要とします。一九九六年、韓国東部に北朝鮮ゲリラ二六名が上陸するという事件がありましたが、この小部隊を駆逐するのに韓国軍は何と六万人の兵員を五〇日間投入しました。

日本でも、このテロ・ゲリラ対策のため歩兵を増やす必要があるのですが、人件費が高く隊員募集に苦しむ陸上自衛隊の兵員数を増やすことは困難だといわれています。だとすれば、各地方に防災・消防を兼ね情報・警備を担当するかつての「消防団」のような「郷土防衛隊」が必要となりますが、これを組織するのは防衛省自衛隊の仕事ではなく、総務省と各自治体の役割でしょう。

ともあれ、防衛省自衛隊としては歩兵の戦いを少しでも効率的にするための砲兵（特科部隊）・戦車の数を確保する必要があろうかと思われます。

現在、日本へのテロ・ゲリラ攻撃はありません。しかし、仮に朝鮮半島で動乱が起きた場合、日本全国でテロ・ゲリラ攻撃が多発する恐れは十分に考えられます。ベストセラーとなった『原発ホワイトアウト』（若杉冽・講談社）でも原発テロが描かれていますが、発電所、送電施設、上下水道源、ダム、石油タンク、各種パイプライン、放送・電話局、アンテナ、橋梁、トンネル等々、その破壊が直接国民生活を脅かす無数の脆弱施設が全国に存在しています。

一九五〇年代の朝鮮戦争では、日本への難民流出はあまりなかったといわれています。しかし現在、もし戦争が起きるようなことがあれば、多くの難民が発生するものと思われます。遠いベトナムからでさえ戦争難民が日本に流れ着いたのです。海峡一つ隔てただけの韓国からの難民は多いでしょうし、そこに北朝鮮の人々が相当数含まれるであろうことも予測されます。難民を担当するのは入国管理局でしょうが、何万、何十万になるかもしれない難民を日本はどう受け入れるつもりなのでしょうか。まさか、戦時の朝鮮半島に送り返すわけにはいかないでしょう。この人々への対応が悪ければ、混乱も起きるでしょう。収容施設、給食など生活環境の支援、さらには治安維持のために警察、自衛隊は何ができるのか。そうした有事への準備が既にできているとは寡聞にして聞きません。

また、日本が米・韓・国連軍に基地を提供し支援をすれば、これに対する北朝鮮からの妨害行動も予測されます。テロリストやゲリラは難民に紛れ込んだり、工作船で侵入したり、あるいは既に日本にいる協力者を加えて日本国民をパニックに陥れ、日本を基地とするアメリカ軍・国連軍への支援にブレーキをかけようとするでしょう。

さらにいえば、こうした事態は全国で分散同時発生するので、とても現在の陸上自衛隊の歩兵（普通科隊員）では数が足りません。実は、そのわずかな歩兵を支援する兵器として戦車ほど有効な兵器はないのです。そして、特定の一カ所に戦車を集結しておいて、その都度派遣するというのでは間に合わないので、各地に分散して配置しておかなければなりません。

冷戦が終わった現在、ソ連（ロシア）の日本侵攻を抑止するための戦車装備の意味は失われたと考えれば、確かに戦車の数は少なくてもいいでしょう。しかし、テロ・ゲリラという新たな脅威に対する戦車の軍事的効用を考えたとき、三〇〇両で十分なのかどうかは議論のあるところです。私はむしろ足りないのではないかと考えています。

第七章　中国の軍事力

尖閣諸島をめぐる中国の思惑

最近の脅威といえば、中国をあげる人が多いのではないでしょうか。尖閣諸島をめぐる対立、その背景にある海軍力の増強と、近年の中国は軍事的な話題に事欠きません。しかし、中国を北朝鮮と同列に脅威として論じることはできません。北朝鮮は現実の軍事的脅威ですが、現在の中国を軍事的脅威と決めつけるのは早計です。現にアメリカの戦略でも日本の安全保障戦略でもそんなことは指摘されていません。まずは中国の意図や行動様式を詳細に検討していくべきでしょう。

まず、尖閣諸島問題について考えてみましょう。

二〇一〇年、尖閣諸島・久場島沖で日本の巡視船と中国の漁船が衝突する事件が起きました。日本の領海内で起きた事件であり明白な領海侵犯なのですが、実は日本にはこれを取り締まる法律はありません。この時も漁業法違反の疑いで取り調べようとして追尾したところ衝突されたため、公務執行妨害で船長を逮捕したという経緯があります。

中国側は、尖閣諸島は中国の領土なので、その領海内で操業する中国漁船を日本の巡視船が取り締まるのは不法であり、衝突してきたのも日本側、ましてや船長を逮捕するなどもってのほか、と激しく非難しました。

なお、中国だけなく台湾の一部の人々も、尖閣諸島を自国の領土と主張していますが、あの事件で現場にいたのは日本の巡視船だけであり、中国・台湾の官憲は存在していませんでした。ということは、両国とも尖閣諸島における日本の実効支配（既成事実）を暗黙裡に認めていたということです。竹島や北方領土は日本の領土ですが、日本の巡視船は韓国やロシアが主張する領海内には入りません。それと同じことです。

この事件が発生した際、中国側は丹羽大使を呼び出して抗議したり、反日デモをコントロールしつつ実行させたり、ガス田交渉を延期したり、中国人の日本への旅行を中止させたりと、様々な外交攻勢をかけてきました。これは中国が最近強調している「三戦」、すなわち「世論戦（広報宣伝戦）」「心理戦」「法律戦」そのものです。アメリカの元高官は「中国は日本を試している」といっていましたが、その通りだといえるでしょう。

いずれにせよ、領土問題について日本は外交による解決を目指し、武力行使は考えていません。問題は、漁船などによる領海侵犯が何度も続いた後、中国や台湾が武力を行使して尖閣諸島を奪取することがあるかどうかということですが、実効支配という既成事実を持つ国に対して、それを持たない国が武力攻撃して領土を奪取することは、第三者からみれば明らかな侵略行為です。

もし、そのような事態が発生した場合には、日本は断固として戦わなければなりません。

日本自身が戦わなければ、アメリカも国連もおそらく動かないでしょう。アメリカ軍には、日本の領土を自衛隊に先んじて守る責務はないのです。日中の紛争が戦争に発展し、互いに基地を攻撃し合うようになって、初めてアメリカ軍は日本を支援して参戦することになるはずです。中国が侵略してきたから、アメリカ軍がすぐに応戦するというようなことはあり得ないのです。

日本が断固として戦う姿勢を示し、沖縄、佐世保、横須賀などにアメリカ軍基地がある限り、中国が武力攻撃を仕掛けてくるなどということはまず考えられません。中国には、今のところアメリカと戦争する意志も能力もないからです。経済的利害から、アメリカが中国と戦争したくないのと同様です。

国際法で認められた領域警備

尖閣諸島をはじめとした南西諸島問題で最も警戒すべきは、中国軍が出てくることではありません。中国が非武装の民衆を上陸させ、そこに彼らの生活圏を作り上げてしまうことです。これを「軍隊による侵略と同じだ」とみなすことはできないし、この民衆を攻撃、撃滅して「日本の自衛行為である」ということも難しい。いわゆるグレーゾーンといわれる事態です。そして、この民衆を保護するという名目で中国の官憲が登場し、居すわった場合、既成事実（実効支配）は逆転してしまいます。そんな映画やマンガみたいな話があるのかと思われるかもしれませんが、現実に南シナ海のいくつもの島を中国はこの手法で奪取してきたのです。

尖閣でも、既に香港、台湾、中国本土の民衆が上陸を試みています。海上保安庁がその都度警告して追い返したり、上陸した者は捕まえて強制送還したりしてきました。しかし、問題は大挙して船団を組んだ民衆が一度に押し寄せて上陸しようとした場合です。武装はしていても「武力行使」の権限を持たない警察・海上保安庁や陸・海・空自衛隊では、とても対応できません。自衛のための武力行使しかできないこれらの組織には、武装していない民衆に発砲することはできず、上陸を許さざるを得ません。これはアメリカ軍も同様です。

実効支配という重みをより大きなものにするために重要なことは、海上保安庁・警察、あるいは自衛隊に領域警備のための任務と武力行使の権限を与えることです。

外国の飛行機が領空に近接してきた場合には、「日本の領空に無断で入ってはならない。侵入した場合は武力をもって排除する」と警告します。それに従わず、さらに侵入した場合には警告射撃（信号射撃）を行う。ここまでは現法制下でも何とかできるようになっていますが、その後の武力行使は、戦闘機にも高射部隊にも一切認められていません。実際には、警告射撃後も相手がさらに侵入してくる場合、断固武力を行使し相手を撃墜しなければならないのです。そうしなければ、警告が警告になりません。

こうした武力行使は、国際法で認められています。国際民間航空条約（一九五三年シカゴ）の第一条には、「各国がその領域上の空間において完全かつ排他的な主権を有することを承認する」とあります。その後、ソ連のサハリン上空で大韓航空機撃墜事件があった翌年一九八四年に、「飛行中の民間航空機に対しては武器の使用を差し控えなければならない」と一部修正が入りましたが、第一条の本質は現在なお変更されてはいません。

領海については、以前から軍艦を除くあらゆる外国船の無害通航権が認められていますが、その場合でも「沿岸国の平和、秩序、または安全を害しない限り」との条件が付いていて「沿岸国は無害でない通航を防止するために領海内で必要な措置をとることができる」とされています。したがって、領空侵犯する外国機の場合とは異なり、まず「領海内を通過して何処へいくのか」と質し、そこへ行くならこの領海を通過せずこの航路をとれ」と指示をして、それに従わない場合には領空侵犯の場合と同様警告射撃をし、さらにそれに従わない船は撃沈してもかまわないということになります。

ちなみに、中国には「領海及び隣接区域法」がありますが、ここには「すべての必要な処置を講ずる権利を有する」と書いてあります。実は、そうした領域警備法が日本にはないのです。

目に余るような領海侵犯事件が起きると、なぜ自衛隊が出動して対応しないのかという話が出てきますが、自衛隊の体制や装備をいう以前に、まず法律を整備しておかなければならないという現実があるのです。

中国はアメリカを凌駕するのか

テロ・ゲリラと大量破壊兵器の拡散が軍事的な脅威であることは、既に述べた通りです。しかし、日本、そしてアメリカの同盟国にとっての脅威はもうひとつあります。それはアメリカの一極体制はどこまで強固なのか、という問題です。現在の平和がアメリカ一極体制によるものならば、もう一つの脅威は、この一極体制は今後も続くのか、死角はないのか、ということです。

経済面をみれば、もはやアメリカの一極体制とはいえません。リーマン・ショックなどの金融危機を乗り越え、ドルはいまだに基軸通貨の地位を守っていますが、それでも世界経済における新興国の台頭、そしてアメリカ、EU、日本の経済力の相対的な低下は覆うべくもありません。中国はGDP（国内総生産）で日本を抜く世界二位の経済大国へと成長し、その存在感を増しています。

アメリカにしても経済力が陰りをみせれば、軍事力も維持できなくなります。総合的に考えれば、既に政治的にはアメリカ一極ではないといえるのかもしれません。フランスの人口学者エマニュエル・トッドは、二〇〇二年に発表した『帝国以後』（邦訳・藤原書店）の中で、「アメリカは衰退し、世界は多極化している」と主張していますが、この見立てに同調する人が最近増えてきているのもわからないではありません。

ただ、軍事の面からいえば、相当な長期にわたってなおアメリカの一極体制が続くと私は考えています。

ちなみに、中国の軍事力はどこまで来ているのか、ここで分析してみましょう。

中国の軍事力増強の内容は、①海軍の外洋艦隊化、②中長距離ミサイルの増強、③情報・宇宙・サイバー分野への投資、④核弾頭・航空機・艦艇の質的改善、といった点が特徴的ですが、その一方で世界最大である一六〇万人の兵員を擁する陸軍は人員削減中です。

中国の軍事費が近年、急激な伸びをみせているのは事実です。二〇一二年の時点でアメリカの二五％程度ですが、毎年一〇％の伸びを続けて一五年経てば四倍になるという計算からすると、二〇三〇年近くには確かにアメリカを超えているのかもしれません。

しかし、アメリカの軍事力にはこれまで長年にわたって蓄積された資産があります。真の軍事力とは、予算規模だけで測れるものではありません。アメリカは、ハード面では世界最先端といわれる技術を組み入れた最高水準の装備を有し、かつ常に進化させています。また、ソフト面、つまり「戦争のノウハウ」において図抜けたストックを有しています。戦後を振り返ってみても、アメリカ軍は好戦的ともいえるほど、ほぼ途切れなく戦闘を繰り返していることを忘れてはなりません。要するに、アメリカの軍事力の質は他の国々と比較すると突出している、それも圧倒的に突出しているということです。

また、アメリカの軍事予算は状況に応じてダイナミックに変化します。米ソ対立時代に三〇〇〇億ドル以上あった軍事費を冷戦終了後に二六〇〇億ドルまで削減したかと思うと、９・１１の後にテロとの戦いが始まり、アフガニスタン、イラク戦争に踏み切るや、五〇〇〇億～六〇〇〇億ドル台へと拡大します。さらに、アメリカという国は軍事面で追いつかれそうになったり、追い越されそうになったりすると敏感に反応し、一気に国力を軍事に集中させる性癖があります。ナンバーワンの座は簡単に譲らない。そうしたことを考えると、二〇二五年あたりに中国が追いつこうとすれば、アメリカは負けずに軍事費を拡大するに違いありません。アメリカという国は、自分たちに挑戦する国に対しては力をもって対抗するのです。

ところで「軍事大国」とは、その軍事力を背景に世界の政治を動かす力を有する国のことをいいます。現在のところ、軍事大国はアメリカ以外に存在しません。地域的軍事大国という言葉もありますが、唯一の軍事大国であるアメリカが、アフリカなど一部の地域を除き世界中にその力を及ぼしている現在、アメリカは地域的軍事大国という存在をも許さないでしょう。

なお、軍事大国と似て非なるものとして「軍事国家」という言葉があります。軍事国家は、軍事力の大小を問わず、その国の政治において軍事を最優先とする国のことです。GDPや国家予算全体に占める軍事費の割合が著しく高く、しかも全人口に占める軍人の比率も高い。自ら「先軍政治」を標榜している北朝鮮のような国はその代表例でしょう。この手の国では軍人の発言力が大きく、何でも力で解決しようとするので、軍事力そのものは大きくなくても極めて危険な存在です。

中国は、軍事国家とはいえません。中国の軍事費のGDPや国家予算に占める比率はほぼアメリカ並みです。軍の人員規模は桁違いに大きいようにみえますが、人口も巨大な国ですから、人口比で見た軍人の比率は、実は日本よりも低いのです。さらにいえば、中国人は古来軍人嫌いです。「良い鉄は釘にならない（良い人間は兵にならない）」という言葉があるほどで、それは今も変わりません。私が自衛隊のＯＢであることを知りながら、徴兵逃れの話をする中国人がいたぐらいです。軍事の天才でもあった毛沢東のような中国史上珍しい人物が再び出現してこない限り、中国は軍事国家になり得ません。

つまり、中国は軍事大国でも軍事国家でもなく、アメリカ一極体制を本当に脅かす存在とはなっていないのです。そして、アメリカもまた、マッカーサー元帥をトルーマン大統領が一方的に免職にしたことからもわかるように強力な文民統制を維持しており、軍事国家とはいえない国です。

加えて、中国にしても今のような高度成長がいつまでも続くのか、経済の先行きは不透明だし、政治的にも不安定で、技術も未熟です。さらに、一人っ子政策の反動で、これから少子高齢化が急速に進む中国に対して、アメリカは、移民などもあり、人口は引き続き増加しているし、オイルシェールなど新たなエネルギー源も獲得するなど、経済の基盤は強固です。また、世界中の俊秀をアメリカの大学に招致して、ノーベル賞受賞者を圧倒的に輩出するなど先端技術開発でも世界をリードしています。青色ダイオードの開発で二〇一四年にノーベル物理学賞をとった中村修二氏も現在はアメリカの国籍を持ち、カリフォルニア大学の教授であることも、その一例でしょう。そして、ドルは、いまだに国際的な基軸通貨としての地位を堅持しています。

そうした状況を考えると、そう簡単に中国がアメリカの一極体制を脅かし、世界が二極に分裂するとも思えないし、中国、ロシア、ブラジル、インドなどのＢＲＩＣｓが台頭してきたといっても、このまま世界が多極混沌の時代に入っていくとも思えません。

ともあれ、現在の世界秩序を「平和」と考えて、アメリカ一極体制が少しでも長続きするように日本としても協力していくのか。それとも、いずれアメリカも衰退し多極時代が到来するのだからその時にいまから備えるのか。あるいはさらに世界の多極化をむしろ加速させるような方向で動くのか。それは日本国民が話し合って決めることです。要するに、日本と世界の「平和」（安全）のためには一極が良いのか、あるいは多極ないしは二極が良いのか、という判断です。そこでは、損得勘定とともに、日本の自由、独立、尊厳の問題とバランスをとっていかなければなりません。どういう国として、どのように世界に向き合うのか。その国民的な合意があって、その前提の下で国としての軍事の在り方も決まってきます。

中国の「文攻武嚇」

中国を脅威とみなす考え方は、どこから生まれてくるのか。そうした議論をみていると、その出発点で誤っているところがあります。

第一に、中国の軍事力を総合的に捉えずに、断片的な情報で判断していることです。

例えば、中国の軍事費は二〇年近く一〇％以上の伸びを続けているという情報だけで動揺し、冷静な判断力を失ってしまう。数字だけならば、私が自衛隊に入隊した一九六〇年から一九七八年まで、わが国の防衛費も一〇％以上の伸び率で増加していました（一九六八年だけは九・六％ですが四捨五入で一〇％とします）。私はまさに、その最中にいた者ですが、我が自衛隊が軍拡しているという実感を味わったことは一度もありませんでした。また、外国から「日本は軍拡しており、けしからん」と非難された記憶もありません。「自衛隊の予算も少しはよくなったものだ」と感じるようになったのは、一九八二年頃からの数年でしたが、当時の防衛費の伸び率は五〜七％程度だったと思います。経済の高度成長期には、どんな数字も伸びるものです。その数字の背景や中身がどのようなものかを確かめてから議論しなければ何もわかりません。

第二に、時代認識です。現代は「力は一極」の時代です。アメリカ一極になったのにも関わらず、第一次世界大戦が終わった二〇世紀前半の多極時代と同じように、万国は万国を敵とし、いまだに勝ち抜き戦で世界の覇権を競い合っていると考えている人が意外にも多いのはどうしたことでしょうか。しかも、彼らは古典的帝国主義がいまだに存在できるものと誤解しています。アメリカが帝国主義かどうかは別問題として、軍事力から考えればアメリカ以外の国が帝国を実現できるわけもないのです。現代は、力だけで競う時代ではありません。また、力はアメリカ一極であったとしても、「価値は多極」の時代です。それを米ソが対立した冷戦時代のように、「共産主義」と「自由・民主」がいまだに戦っていると誤解している人がいます。「アメリカと日本は同じ価値観を持つ」という人がいますが、その価値が「自由・民主」だとすれば、その意味は幅広く曖昧ですから、日本だけでなく世界中が同じ価値観を持っているといってもいいのかもしれません。価値観をめぐるテロはあっても、価値をめぐって国と国が戦う時代ではありません。中国にしても同様です。

第三に、防衛力には「脅威対抗防衛力」と「基盤的防衛力」の二つがあることを知らずに「脅威」だけを強調していることです。この二つの「防衛力」については後ほど論じることになりますが、簡単にいえば脅威対抗防衛力とは特定の国を脅威とみなして、その国に対抗した軍備を整えることです。一方、戦後日本における防衛力整備の基本理念でもあった基盤的防衛力とは、どのような脅威にも対応できるような形で防衛の基礎となる軍事基盤を整備しておくことです。

基盤的防衛力を顧みず、脅威対抗防衛力だけを主張することは、「基礎学力」ができていないのに「応用問題」や「傾向と対策」だけに走る出来の悪い受験生みたいなものです。いつ起きてもおかしくない北朝鮮に対する対応は試験日直前の受験生と同じで、「基礎」からなどと言っている余裕はありませんが、他の問題についてはまだ基礎を固める時間があります。多くの人が主張する「情報活動の強化」とはまさに「基盤防衛力」の範疇に入るものです。少なくとも軍事専門家といわれる人たちは、その点を理解した上で議論を進めてほしいものです。

第四は、ともすれば感情を先行させて議論を進めていることです。靖国神社参拝に対する中国の干渉などは、確かに不愉快な話かもしれません。しかし、その感情的反発から軍事を論ずる人が多いのは問題です。中国とは、いうならば「文攻武嚇」の国なのです。「文攻武嚇」とは聞き慣れない言葉かもしれませんが、中国が得意とする戦術を表す言葉です。中国の発するメッセージに一々興奮することは、この戦術が既に大きな成果をあげているということです。

「文攻」というのは外交、メディア、あるいは友好的な人脈を使い、相手国内に混乱、分裂をもたらし、最終的に相手国を弱体化、衰弱させるという手段です。相手を支配するのではなく、あくまでも相手を無力化し、相対的に自国にとって有利な状況をつくりだすことです。いうならば言葉を使った戦争であり、宣伝戦、心理戦といっていいかもしれません。中国は現在、自ら「三戦」（広報宣伝戦・心理戦・法律戦）を実施するといっていますが、この「三戦」がすなわち「文攻武嚇」のことなのです。

中国の日本に対する「三戦」は「日本を侵略すること」ではなく「日本を弱体化させること」を目的としています。その意味で現在最も懸念されるのは沖縄への何らかの関与です。中国にとって、沖縄のアメリカ軍基地は目障りな存在であることは確かです。沖縄の基地については後でも触れますが、現在、普天間基地の辺野古への移設計画をめぐって、中央政府と沖縄県との間に軋轢が生じているのは周知の通りです。そして、アメリカ軍基地撤廃に絡めて一部では「独立論」まで出てきています。このような状況はいうまでもなく中国にとっては歓迎すべきことであり、事実、このところ中国の学者、軍幹部、外務官僚などが国内メディアで沖縄独立を支援すべきだとの意見を表明しています。現実には、アメリカ軍が沖縄に居座るかぎり、仮に日本が沖縄の独立を認めたとしても、アメリカ軍基地を撤去させることは日本政府にも新沖縄政府にもできないため、沖縄の独立は困難であると思われます。しかし、こうした中国の沖縄に関する一連の干渉が、様々な意味で日本を弱体化させることは間違いがありません。

また、外国人が日本に対してテロ・ゲリラ攻撃を行う場合に、各種手段でそれを支援するということも日本弱体化に効果的な方法といえるでしょう。

「武嚇」とは、武力を直接行使するのではなく威嚇に使うことです。「文攻」をより効果的にするものですが、もちろん「武嚇」が簡単にできるときは「武嚇」を「武攻」に切り替えることも可能です。しかし、このところ中国軍は「武攻」を実施していません。日本をはじめとしたアジア太平洋各国の背後にアメリカが控えているからです。「武攻」には国際的な批判も大きく、貿易立国となった中国にとってダメージも大きいということもあります。そこで「武嚇」を補助手段としつつ、「文攻」を主要な手段としているのが現在の中国なのです。

ところで、台湾への「文攻武嚇」は、ほぼ勝利したといわれています。中国と友好的な国民党の馬英九氏が総統の座から離れましたが、それでも台湾独立の声はあまり聞こえてきません。アメリカも日本も台湾の独立には否定的ですし、台湾と正規の外交関係を持つ国も極めて少なくなりました。次期政権は民進党になるともいわれていますが、民進党の呂秀蓮女史（元副総統）は、「台湾」をかつてのスイスのような「武装中立国」にしたいといっています。しかし、そのスイスが国連加盟国になった現在、世界各国から中立国として認められることは極めて難しいと思われます。中国にしてみれば、香港のように台湾を自らの軍の統治下に置きたいところでしょうが、経済交流が十二分に行われている現在、敢えて急ぐ必要もありません。この状況下では、中国は戦争する必要も、その意志もないはずです。つまり、それが文攻武嚇なのです。

というわけで、日本は中国の術中に嵌まるべきではありません。「文攻武嚇」に反発して直ちにこちらからの「武」を論じることは、とりもなおさず中国の「罠」に嵌まることであり、彼の「策」を効果的にするだけです。文攻・武嚇には文攻・武備（これも三戦）で応じるべきであり、武備の方はアメリカをはじめとする各国と協力して、やんわりと囲い込んでおけばいいのです。アメリカが現在中国に対してとっている戦略は「ヘッジ」といわれていますが、ヘッジとは「生け垣」という意味であり、完全な障壁ではないがその態勢によって取り囲むということです。

以上のようなことから、日本としては「脅威対抗防衛力」ではなく「基盤的防衛力」をしっかりと構築することが重要なのです。

中国の脅威に対抗した軍事力の構築を主張する人たちの中には、日米同盟を以て中国に強く出ようとしても、アメリカが日本を見下してまともに相手をしてくれないと強い怒りを感じている人がいます。しかし、そんな当然のことで激昂するような人は、政治や軍事を語るべきではありません。日本がアメリカにいかに尽くそうとも、日米同盟が米英同盟と同じレベルになることはないし、米加同盟・米豪同盟以上のものになることもないでしょう。経済面での米中関係の深さも見ておかなければなりません。

軍事や経済に関しては、お互いの実力に応じて冷静に取引するしかありません。情緒で決まるものではないのです。一番困るのは日本人の多くが「アメリカが日本の国土・国民、つまり主権を守ってくれる」と思い込んでいることです。アメリカが日本の独立を認めている以上、日本を守るのは日本自身であり、アメリカの責務ではありません。日本を支援はしても、日本防衛の主体とはなってくれません。「アメリカが守ってくれない」と怒り逆恨みするのは、「日本は独立国ではない」と言っているのに等しいのです。

私たちは、もっと冷静にならなければなりません。アメリカをはじめとした諸外国と共同でお互いの利益線（グローバル・コモンズ）を守りつつ、最も効果的に自らの主権線を自らの手で守らなければならないのです。そのために感情に走った脅威対抗防衛力はできるだけ抑制して、ゆったりと、しかし堅固な基盤的防衛力を構築していくべきなのです。

アメリカの対中国戦略

アメリカが一極体制に挑戦する対極候補として、中国を最も警戒していることは確かでしょう。「大量破壊兵器の拡散」と「非対称脅威であるテロ」は当面の大きな脅威ですが、それ以上にアメリカが恐れているのは、「一極から二極への転換」です。もし「二極」になるとすれば、そのときの対極は中国しかない。アメリカはそのように考えています。日米安全保障協議委員会でも、共通戦略目標として①大量破壊兵器の拡散、②テロ等の非対称脅威、③新たな極となり得る国としての中国、を挙げています。また、国防計画の中でも中国に対する言及は増え、注意を喚起しています。

海洋国家であるアメリカが最も気にしているのは、南シナ海における「航行の自由」を中国が制限しようとしていることです。大陸国家である中国はこの南シナ海を自国の領海（内海）にしようとしていて、海洋国アメリカが主導してつくった国連海洋法条約に抵抗しています。

しかしながら、アメリカは中国を「アメリカの軍事的脅威」とは呼んでいません。敵とはみなしていないのです。日米安全保障協議委員会の席でも「世界において責任ある建設的な役割を果たし、台湾問題を平和的に解決し、軍事分野における透明性を高めるように促す」という穏やかな表現を用いています。アメリカの対中政策は、エンゲージ（関与）からヘッジ（囲い込み）に変わったものの、まだコンテイン（封じ込め）にはなっていないということです。それはおそらく、①中国の軍事力がまだアメリカが対決すべきものとは認識していない。②米中の経済交流が重要であり、できればこのまま中国を軟着陸させたい。③中国側はかつてのソ連と異なり鉄のカーテン（竹のカーテン）を降ろしていないし、降ろそうともしていない。そうアメリカが考えているからでしょう。

中国がA2AD（接近阻止）をやっているとか、中国の対艦ミサイルが強力になったとかいったアメリカ発の情報が盛んに入ってきていますが、それらはヘッジを実行する軍事力整備のためのレトリックに過ぎず、アメリカ海軍も中国海軍も大艦隊決戦をするつもりはないでしょう。

したがって、日本もアメリカを中心とする各国との連携の上で、このヘッジ戦略をより効果的にするための努力を続けなければなりません。これは集団的自衛の話ではなく、集団安全保障に属することであり、通常の多国間訓練（でき得る限り中国をも仲間に含めたもの）を重ねることで、世界・アジア・日本の秩序（平和）を維持し、仮にその秩序（平和）が破れた時には、できることなら国連決議に基づく多国籍軍の、止むを得ない場合にはアメリカ主導の有志連合軍の有力な一員として、十二分に働けるようにしなければなりません。

いま大切なのは中国との軍事（防衛）交流

以上述べてきたようなことを背景に、アメリカ軍はアジア地域におけるMOOTW（戦争ではない軍事行動）をテーマにした多国間共同訓練を進め、そこに中国を誘おうと熱心です。これには中国も満更でもないようで、二〇一四年から参加する例も出てきました。軍事交流、日本でいう防衛交流を積極化しているのです。

「戦争は双方の誤解から生じる」という言葉もあります。双方が相手の意思、能力を見誤ることから戦争は始まるともいいます。負けるとわかっていて戦争をすることはありません。朝鮮戦争で北朝鮮が三八度線を南下することを決断したのも、アメリカの意志を見誤った結果といえます。その意味で、「防衛（軍事）交流」が重要なのです。軍同士の信頼関係を醸成することによって脅威を現出させないという安全保障戦略です。

「防衛交流」には通常、①防衛協力、②信頼醸成措置、③安全保障援助、という三つの方法があります。①の防衛協力は一般的に②の信頼醸成から発展してできるものですが、通常は安全保障に関する条約や共同宣言に基づいて実施されます。日本の場合は、これまで日米関係においてのみ防衛協力が存在しましたが、最近はオーストラリア、インド、東南アジア諸国などとも国際平和協力活動の場面で協力を進める動きがあります。

③の安全保障援助は、軍事先進国から軍事後進国への一方的助力をいいます。日本の自衛隊も発足当初はアメリカからの援助を受けましたが、現在こうした一方的な援助はありません。また、憲法や武器輸出三原則などに基づき、日本から軍事的な援助については行わないことになっていました。しかし、最近になってこれらの原則を見直し、武器を輸出する動きも出てきています。

したがって、日米関係を除くと、②の信頼醸成措置が日本にとっての防衛交流の中心となります。近年、防衛省内に日米協力の組織とは別に防衛交流のセクションが設けられたのも、こうした考えに基づくものです。もちろん、これらがいずれ防衛協力へと発展していくのは望ましいことです。

二極対立の冷戦時代が終わり、第二次世界大戦までのような多極時代でもない、そうした国際情勢の中で防衛交流の目的も変化してきています。当初は、偶発的な軍事衝突を防ぐための近隣二国間の信頼醸成が主体でしたが、現在では国際安全保障を再構築するための多国間交流になろうとしています。近隣諸国を越えたグローバルな広がりを持つようになってきているのです。

ともあれ、まずは二国間交流を着実に進めていくことが重要ですが、その先には二国間を越えて多国間交流に進めていくという努力が必要になります。

前述したように、アメリカは中国との軍事交流を進めています。日本に先んじてのことです。米中の動きは、世界の平和のために望ましいことですが、日本としてもこれに後れをとることなく、中国との防衛交流を進め、日中米だけではなくそれをアジア、世界の各国へと広げていくべきです。多国間防衛交流を世界の防衛協力へと発展させるという目標を持つべきだと私は考えています。

アメリカは、中国海軍との相互訪問を実施し、二〇一四年にはＲＩＭＰＡＣ（リムパック＝環太平洋合同演習）に中国を招いています。同年、アメリカ、タイ、シンガポール、インドネシア、韓国などとともに日本も参加する多国間共同訓練「コブラ・ゴールド」にも中国は参加しました。

相手に自らの力を見せつけ「この人の敵にはなれない」と思わせることと「この人を味方にすれば頼りになる」と思わせることは紙一重の差で、それだけに難しさがあります。ただ、防衛交流の目的として重要な点は「互いに相手国を侵略する意志がない」ことを確認し合うことです。と同時に、「テロなど世界共通の敵に対して共に戦う」という軍の目標と相互信頼を確認することです。その意味で信頼醸成は、政・軍トップ同士の対話から始まるものであり、「信頼」の「信」は嘘を言わない互いの誠実さであり、「頼」は互いの能力に期待することです。信頼の証としては、現場の人間同士の交流や軍事能力の情報交換も重要です。将来は連絡将校（ＬＯ）や交換将校（ＥＸＯ）の派遣にまで進むべきものでしょうが、まずは部隊の相互訪問、共同訓練などが期待されることになります。

防衛交流には、彼我ともに慎重論があるようです。中国を警戒する人たちは、こちらの手の内を見せていいのかと主張します。中国の側にも同じような警戒論を唱える人がいるでしょう。そうした双方の疑心暗鬼をできるだけなくすために防衛交流は意味があるのです。それに自国の軍事技術、戦略、戦術のすべてを公開するわけでもありませんし、それはお互い同じです。なお、最近は日本も多国間共同訓練に参加するようになりましたが、戦後長い間、アメリカ以外との防衛交流について日本は慎重でした。軍事的な協力は戦争のためのものという意識が強かったからでしょう。しかし、二一世紀の国際環境下での軍事交流は、二極対立下のものとは違います。その効用を考え、日本も中国とも積極的な軍事交流を進めていくべきです。

中国が、まずはアメリカの対極となって二極世界の主役となり、次いでアメリカを凌駕し中国一極世界を建築するという遠大な構想を抱いているのかどうかはわかりません。ただ、そのような野心をみせればアメリカに叩かれるということを、中国の為政者はよく知っているはずです。それ以前に中国側の事情として、所得格差、都市と地方の身分格差、官僚腐敗、環境問題など、落ち着かない国内を治めていかなければなりません。社会を安定させるためには、外国資本導入による経済成長を止めるわけにはいきません。民族が異なる辺境地域の治安維持は大変だし、さらに軍人嫌いの都市住民たちは選抜徴兵にもなかなか応じません。アメリカと並ぶ大国を目指す中国は「平和的台頭」という言葉を自ら用いていますが、大国になりたいが「戦争はしたくない」という意味で、この言葉に嘘はないと思います。いずれにせよ、日本は中国の文攻武嚇に惑わされることなく、その動きを冷静に分析した上で対処していく必要があります。

第八章　現代の帝国アメリカ

新世界

アメリカはWASP（ホワイト・アングロサクソン・プロテスタント）の国だとよくいわれますが本当にそうなのでしょうか。

WASPというのは概ねイングランド人と同義とされているようですが、現在のアメリカで一番多い民族はドイツ人であり、二番目アイルランド人、三番目アフリカン・アメリカン、四番目がイングランド人だとされています。

最も多いとされるドイツ系アメリカ人も約四三〇〇万人で、三億人のアメリカ人総数の一五％に満たないという事実を私たちはまず知る必要があります。ことほどさようにアメリカという国はまさしく人種のるつぼ、他に例をみない多民族国家なのです。

中国は五〇種類もの少数民族を抱えているとされますが、自らを漢民族だとする人々が九〇％を越え、イギリスではイングランド人が八〇％、日本では九八％以上が大和民族だとされています。また、アメリカと一見似通ったカナダではイギリス系（四〇％）とフランス系（二七％）が大半を占め、オーストラリアでは自らをオーストラリア系だとする人々（三八％）とイギリス系（三六％）が拮抗し次いでアイルランド系（一一％）が続くという状況です。

ところで、アメリカでは人口比一・七％のユダヤ人（ユダヤ教を信仰する人々）がアメリカの資産の大半を保有し、その資産によってマスコミや大学、研究所等を買い、選挙資金を出して政治を買い、アメリカをリードしている（支配している）のだという説があります。この手の言説はいわゆる「ユダヤ人陰謀説」として昔からあるものです。確かに、人口比からするとユダヤ人に経済的成功者が多いということは事実かもしれません。また、アメリカの中東政策が伝統的にイスラエル寄りであるのも、ユダヤマネーによるロビー活動が功を奏したという面もあるでしょう（もっとも対イスラエル関係は近年冷え込んでいるようですが）。しかし、だからといってアメリカのような巨大国家をユダヤという一民族が支配しているとする話には、眉に唾をつけたくなります。そういう部分がまったくないとはいえないでしょうが、ユダヤ人の国とはあくまでイスラエルであって、アメリカがユダヤ人の国であると強弁するには無理がありそうです。

いずれにせよ、アメリカは他の国々のような普通の国ではないのです。

一八九〇年代にチェコの作曲家ドボルザークはアメリカに招かれ、交響曲の名作『新世界より』を作曲しましたが、この時代から現在に至るまでアメリカという国は「普通の国」ではなく「新世界」であったといえます。

改めて考えてみると、アメリカ合衆国という国は人類史上まことに稀有な国家です。もちろん、稀有ということは善悪といった道徳的ないし倫理的基準とは無関係です。

ここで、アメリカという国の特殊性についてもう少し触れておきましょう。

現在、世界には二〇〇弱の国家が存在していますが、親米、反米に関わらず、ほぼすべての国が何らかのかたちでアメリカの影響を受けているはずです。そして、アメリカの存在を念頭に置いて、自国の政治、経済、軍事政策を組立てているはずです。このように、全世界にその影響力を及ぼすような国家は、史上かつて存在したことはありませんでした。

いうまでもなく、こうしたアメリカの影響力の源泉は、政治、経済、軍事、文化における突出した「力」ですが、とりわけ経済力と軍事力は他を圧倒し、そのあまりの巨大さ故に、逆説的ではありますが一般の人々はアメリカを普段ほとんど意識することがないのではないでしょうか。つまり、無意識のうちに「アメリカ的なるもの」を思考のベースとして感受している。だとすれば、現在のところアメリカの世界戦略は概ね成功しているということもできるでしょう。

もちろん、狂信的過激派を筆頭に「アメリカ的なるもの」を全否定し、蛇蝎《だかつ》のごとく嫌悪する勢力は存在します。また、手放しでアメリカを崇敬している国もほとんどないでしょう。その意味では、アメリカを絶対的権威として位置付けることはできません。しかし、親米、反米を問わず、およそ国家として成立している国々の中でアメリカの存在意義をすべて否定する国もないはずです。比喩的にいうなら、愛憎相半ばする存在とでもいうべきでしょうか。中国やロシア、あるいは北朝鮮ですら、表向きの対抗的姿勢や挑発的姿勢にも関わらず、どこかでアメリカの顔色をうかがうところがあるようにも見受けられます。

昨今、日本の論壇では左右を問わず反米自主独立を唱える言説が受けているようです。確かに彼らの主張には理念として首肯する点が多々ありますが、そうした論者たちからして、アメリカ批判を展開しながらもアメリカ的価値やその存在意義をすべて否定するということではないのではないでしょうか。

ちなみに、私自身もそうでしたが自衛隊の幹部（将校）は、例外はあるかもしれませんが基本的に親米でも反米でもありません。自衛隊の唯一無二の任務は、国民の代表である最高指揮官、すなわち総理大臣の命令の下に「国の平和と独立」を守ることです。したがって、現況あるいは近未来において自らの任務にアメリカがどう影響を及ぼすかということにしか関心がありません。評論家や運動家と異なるこうしたある種のプラグマティズムは、ほとんど本能のように自衛隊幹部に刷り込まれています。そして、私はこうした自衛隊の在りようを是とする者です。「それでいいのだ」と思っています。

既に繰り返し述べてきたことですが、アメリカの軍事力は様々な意味で桁外れであり、ほとんど破壊的ともいえる実力を備えています。アメリカは、政治、経済、科学技術、その他ほぼあらゆる分野で世界に対する尋常ならざる影響力を有していますが、そうした影響力を担保しているのは、実のところその突出した軍事力なのです。いいかえれば、アメリカの世界戦略を支えているのは、その軍事力だということです。私たちは、好むと好まざるとに関わらず、この現実をしっかりと認識しておくべきでしょう。

振り返ってみると、第二次世界大戦以降、世界の軍事をリードしてきたのは常にアメリカでした。現代軍事史は、アメリカの軍事をベースに編まれているといっても過言ではありません。朝鮮戦争やベトナム戦争でこそ「勝利」を得ることはできませんでしたが、それがアメリカの軍事力の絶対的優位性を否定する理由とはなりません。確かに中国義勇軍（人民解放軍）の人海戦術やベトコンのゲリラ戦には悩まされましたが、アメリカが停戦あるいは撤退を余儀なくされた本質的事由は別にあり、それは政治的判断でした。純軍事的勝利を得るだけでいいのならば、核を使用するまでもなく大戦末期に日本の主要都市に対して行ったような無差別爆撃を、北朝鮮や北ベトナムの全土に徹底して実行すればいい、ぺんぺん草しか残らないような焼け野原にすればいいわけです。しかし、アメリカの国益、つまりアメリカを中心とした世界秩序構築という戦略を考えた場合、既にそのような所業が可能な時代ではなくなっていました。ましてや、朝鮮戦争でマッカーサー司令官が計画したような核攻撃など論外とされる時代になっていたのです。

いずれにせよ、ベトナム撤退以後もアメリカの軍事は進化を続け、その物量、質ともに他の追随を許したことは一度もありません。

「帝国」という言葉があります。字義通り古代の皇帝に支配された国家、近代の植民地獲得政策をとる帝国主義国家（列強）と、その意味は微妙に変化しながら使われてきた言葉ですが、現代ではどうでしょうか。「帝国」を力（主として軍事力）を背景に一定の世界秩序を確立維持することができる国家と定義付けるならば、冷戦時代の米ソはまさしく帝国であったといえましょう。そして、現在では帝国であることの要件を満たしているのは唯一アメリカのみといえます。

アメリカの行動様式

新世界に移り住んだ（主として西欧からの）移民達は、当初はアングロサクソン系の人々のリードに従って「マニフェスト・デスティニー（明白なる使命）」の標語の下に、原住民（インディアン）を虐殺し、西部侵略を正当化し、米墨（対メキシコ）戦争（一八四六〜一八四八年）を経てアメリカ西海岸まで進出します。そして、南北戦争（一八六一〜一八六五年）により国内を統一した後、一八九〇年代に発表されたアルフレッド・セイヤー・マハン大佐（後に提督）の『海上権力史論』を対外戦略における指針として海外に進出、米西（対スペイン）戦争（一八九八年）によりフィリピン・グアム・キューバ・プエルトリコ等を奪取（譲渡を含む）、さらに同年ハワイを併合する等、領土を拡大していきました。

イギリスをはじめとする西欧列強に負けず劣らず、アメリカも帝国主義的拡張（侵略）政策をとった時代を経て現在があるのです。

日本との関わりでいえば、日露戦争の際、アメリカはイギリスとともに日本側に加担し、セオドア・ルーズベルト大統領はポーツマス講和条約でも日本側の肩を持ちます。そこには、ロシアのアジア侵出を牽制するとともに、アジアの新興国日本を媒介にして「門戸解放・機会均等」というスローガンの下にアジアにおける権益を拡大したいという底意があったようです。しかし、日本が自ら帝国主義的拡張政策をとり始めると、一転して敵対するようになります。まあ、アメリカからするとアジアは欧米列強の縄張りであり、日本のような遅れたアジアの小国が植民地の切り取り合戦に参入するなど生意気千万だということだったのでしょう。その後、第一次世界大戦を挟み第二次世界大戦でアメリカは日本と戦争をしますが、その伏線はこの一九〇〇年代にあったといわれています。

なお、セオドア・ルーズベルト大統領は、フランスが挫折したパナマ運河の開発を一九〇三年から開始し、また『グレート・ホワイト・フリート』という艦隊を一九〇七年にマゼラン海峡経由で太平洋・アジア地区に巡航させるという大デモンストレーションを行っています。これは、とりもなおさずアメリカが新たな覇権国家として登場してきたことを意味します。なぜなら、覇権国家であるためには強力な軍事力、とりわけ海軍力の整備が必須であるからです。

ともあれ、近現代史を繙いてみると、アメリカという国は紛れもない帝国主義国家であったし、建国以来ずいぶんと酷いことをやってきています。アメリカ人が好んで口にする「正義」が裸足で逃げていきそうなくらいです。だとすれば、アメリカはけしからん国だと考える人がいても不思議ではないでしょう。

しかし、原爆や大空襲によって非戦闘員が大量に殺傷されたにも関わらず、奇妙なことに戦後の日本人はアメリカをそれほど恨んでも嫌ってもいないように見受けられます。

日本人固有の切り換えの速さ（諦めの良さ）、天皇の温存、軍事政権による翼賛体制からの解放、比較的寛容であったアメリカ軍の統治スタイル、アメリカ市場の開放による経済復興、アメリカ人特有の陽気さ、映画や音楽などアメリカ文化の抗し難い魅力、ソ連への恐怖等々、理由はいろいろあげることができるでしょう。しかし、最大の理由はアメリカによって強制的に飲み込まされた「自由と民主」という概念の新鮮さだったのではないでしょうか。何しろ、共産党でさえ一時はアメリカを支持していたくらいです。今ではちょっと想像できませんが。

もちろん、その裏では暴行事件の多発、検閲による言論統制、諜報機関による陰謀工作など、暗部に属する事象は枚挙にいとまがありません。そして、アメリカの意向抜きに、日本が何かを決めることなど不可能でした。しかし、戦争に負けるということは、畢竟そういうことなのです。

いずれにせよ、戦前まで日本が有していた善きもの悪しきものは、一九四五年八月一五日を境にいったんアメリカによって根こそぎ破壊されました。そして、日本人は軍事力のみならず彼の国の政治力、経済力、文化力の巨大さを思い知らされ、それを受容するという選択をしたわけです。

ところで、当のアメリカ人は自分たちの国をどのように捉えているのでしょうか。

先に述べたように、アメリカは種々雑多な民族で構成された史上例をみない多民族国家です。そしてそれに見合ったように、超保守から超リベラルまで国民の思想信条も多様です。しかし、そうした相違にも関わらず彼らは建国以来の自分たちの歴史をどうやら誇りに思っているようです。彼らの祖先達は祖国での生活に困窮して、あるいは祖国では叶わぬ夢を追いかけて海を渡った人々ですが、その子孫が今なお帰国せずアメリカに居るということは、今の生活が祖先の国での生活よりはるかに良いものであると信じているからでしょう。

そして、自分たちの生活様式はすばらしい、もちろん他国の人民も同様に思うはずだ、したがって自分たちの生活様式や思考様式を世界に広めるのはアメリカの使命である、と本気で考えているふしがあります。このあたりの単純かつ唯我独尊的感性は、他国の人々にはなかなか理解しにくいところかもしれませんが、アメリカ人の基底にあるこうした「新世界的感性」がマハンの『海上権力史論』に象徴される対外戦略に投影され、それが一〇〇年以上も続いてきたということではないでしょうか。

その意味で、昨今その是非をめぐって喧しく論議されているグローバリズムとは、まさしくアメリカの行動様式の核ともいえる概念でしょう。

このグローバリズムをめぐっては、日本のみならず世界各国で論議の対象となっているようです。裏を返せば、それだけアメリカという国の影響力の大きさを証明しているともいえます。

「新世界」と呼ばれるアメリカは文字通り新しい国であり、他の国々および地域が有している歴史的ストック、土着的精神性を持っていません。しかし、それ故に旧い価値体系という軛から自由であり、物事を合理的かつポジティブに捉える傾向があります。そして、この伝統を持たないという特異性こそ、アメリカの生活様式、思考様式が世界に広まった理由でもあります。

アメリカの精神（スピリッツ）とは「自由と民主」であるといわれますが、当然のことながら西欧諸国や日本、その他の国々における「自由と民主」はその内実が異なります。現実の世界は多様であり、多くの国々はそれぞれ固有の歴史を有し、固有の文化を育んできました。そうしたアイデンティティを、アメリカ的理念によってブルドーザーのようになぎ倒し一律にすることが可能だとはとても思えません。そして、それがアメリカという「帝国」の今後における課題であり、同時に世界の課題でもあると思われます。

ところで、『中国は東アジアをどう変えるか』（ハウ・カロライン著、白石隆編・中公新書）という本によれば、華僑の末裔にして東南アジアでそれなりの政治的、経済的影響力を有し英語、北京語、現地語を駆使するシンガポールの人々は、中国の文化伝統を受け継ぎつつもアメリカ的生活様式に馴染んできているとのことです。そして、そのアングロ・チャイニーズともいうべき人々の思考様式が、中国の沿岸都市部に住む中産階級にまでさらに拡大していった時、中国はどのように変化するかといった問題も提起されていますが、なかなか興味深い指摘です。

揺れ動くアメリカの軍事戦略

アメリカの軍事戦略は、通常「四年毎の国防計画の見直し（ＱＤＲ）」で示されます。今から五年前、二〇一〇年のＱＤＲは財政難の中、「ともかく永年続いたアフガン・イラク戦争を終わらせる」ということを主眼とし、「中東戦争における勝利（成功）」のため陸軍を一・五倍に増強し、一方で海空戦力を大幅に減じるというものでした。これに対する海・空軍の不満を抑えるために、将来構想として「統合空海戦闘構想（エア・シー・バトル）」なるものを提示しましたが、それは漠然としたもので具体的な装備・予算を伴うものではありませんでした。

アジアに関しては、同ＱＤＲにグアムをアジア太平洋地域の安全保障ハブにすると書かれ、当時のクリントン国務長官も同年一月に「リバランス（アジアへの方向転換）」を述べています。ただ、中国に対しての記述は「その役割拡大は歓迎するも、軍事力増強やその不透明性には懸念」という程度のものでした。

二〇一四年のＱＤＲは、中間の二〇一二年に発表されたアメリカ国防戦略指針を踏襲し具体化したものとされますが、引き続く財政難の中でそれまでの「二つの主権国家による攻撃への対処能力を保持」という表現を「大規模多面作戦で第一の地域的な敵を打破するとともに、他の地域における第二の敵の目的を挫き、あるいは第二の敵に受容できないコストを課すことが可能な能力を保持」という表現に後退させ、陸軍および海兵隊の人員削減はもちろん、海・空軍についても沿岸域戦闘艦契約の打ち止め、旧型艦、旧型機の退役等明確な軍縮を行っています。

そして「アジア・リバランス」についても文言上一応明確にされましたが、中国に対しては「地域における摩擦を回避するため、中国の軍事力の成長はその戦略的意図に関するより高い透明性を持ったものでなければならない」という表現に止めています。

それに比べ、北朝鮮の大量破壊兵器とミサイルについては「朝鮮半島北東アジアへの重大な脅威、アメリカに対する直接的な脅威ともなっている」ときつい表現となっているのは注目すべき点です。要するに、アメリカにとって北朝鮮は軍事的脅威だが、中国は軍事的脅威ではないといっているのです。

この二〇一四年QDR発表の時点では、アメリカは中東からすっきりと身を退く予定だったのでしょうが、イラクとシリアにイスラム国なる武装集団が突然登場し、アメリカ軍の中東からの完全撤退が極めて難しくなりました。アメリカは今のところ空爆だけ行い陸上兵力については中東諸国軍に期待しているようですが、アメリカ陸軍（海兵隊）がリードしない限り中東友好諸国の陸軍はうまく動けないでしょうから、いずれまた陸軍投入ということになりかねません。海・空軍も空爆実施のために中東周辺の海空域から離れられないし、その上NATO正面では、ウクライナやバルト三国の問題が控えているのですから、アメリカ軍の「アジア・リバランス」は実現困難なのではないでしょうか。

それでも二〇一五年二月末に新アメリカ安全保障センター（CNAS）のパトリック・クロー

ニン上級顧問とアレキサンダー・サリバン客員研究員は「カーター新国防長官への助言―リバランスを現実のものに」と題する共同記事をある雑誌に寄稿し、「①北朝鮮が残存性のある核能力を持つ可能性を踏まえ抑止力と即応体制を構築すべきである。②同盟国・友邦国の軍事能力向上を推進すべきである。③中国との摩擦低減に努力すべきである。」との三つの提言をしています。つまり、「アメリカのアジア・リバランスは北朝鮮対応が主目的であり、全体としてはアメリカ軍自身ではなく同盟国、友邦国に期待し、しかも中国とは敵対しないように」といっているわけです。

一～二年前からトシ・ヨシハラというアメリカ海軍大学教授が「中国が接近阻止・領域拒否（A2AD）をやっているのだから、それに対し日本もA2ADをやればよい、そうすれば日本を門番にして、アメリカ軍はもっと攻撃的な作戦に集中できる」といい、日本でも中国に対して南西諸島周辺に自衛隊を配備してA2ADを準備しようという意見が盛り上がりました。

私は、「中国がA2ADをやっているからそれをさせずに東・南シナ海での自由航行（フリーダム・オヴ・ナヴィゲーション）を確保しよう（すなわちグローバル・コモンズたる公海を各国の協力で守ろう）というアメリカ軍」に協力するのに、日本が中国と同じA2ADをやる（すなわち中国に西太平洋での自由航行を許さない）ということは大きな論理矛盾ではないかと考えていました。しかし、二〇一五年二月に日本でのシンポジウムに参加した戦略国際問題研究所（CSIS）のザック・クーパー研究員は、そのように受け身なことではなく、もっと積極的にアメリカ海軍や海上自衛隊が共同して南シナ海での警戒活動をすべきだと提案しました。これに応じて最近、海上自衛隊ＯＢの何人かがクーパー研究員と同様のことをいうようにもなりました。

これらの意見とは別に、クリストファー・レイン、ジョン・ミアシャイマー、スティーヴ・ウォルトといった国際政治学者たちは、オフショア（沖合）に退き所要事態が生じた際に戦力投射する、同盟国の安全保障は当該国に自ら分担してもらう、といったオフショア・バランシングの考え方を提議しています。ブッシュ、オバマ両大統領に仕えたロバート・ゲーツ元国防長官もこの意見に賛成しているという報道もあります。これらのネオリアリストといわれる人々は「中国に対抗させるためには日本の核武装を許すべきだ」ともいっているようです。まさかアメリカから日本に「核兵器を持て」とはいえないでしょうが「日本がそれを望めば許す」ということなのでしょう。次期政権が共和党政権となり、その戦略を本当にアメリカ政府がとった時には改めて日本へのサインが出されるのでしょう。また、最近のジョセフ・ナイ、ハーバード大教授の「沖縄の基地はいずれ中国のミサイル脅威の前に無用になる。訓練はさせてもらわなければならないが、在日アメリカ軍基地は自衛隊が管理すべきだ」という発言も意外にこの流れを汲んでいるかのようです。

その他、「同盟国と協力しつつ中国による第一列島線以東、以南の海洋使用を拒否して島嶼を防衛し、その領域を支配しつつ遠くから中国のシーレーンを封鎖して経済消耗戦に持ち込む」というトーマス・ハメス海兵隊退役大佐のオフショア・コントロール提言もあり、現在アメリカの戦略は混沌としているようです。

アメリカという国は、このような様々な意見を即座に放棄することなく、状況に応じどの道にも進めるように準備し、調整して具現化していく国なので、日本もそのうち一つの提案にあわてて飛びつくことなく、どのようにも対応できるよう柔軟な姿勢を保つべきでしょう。そして、実はそれが日本の基盤的防衛力整備の本質なのです。

無論、ＣＮＡＳの研究員たちもいっているように、北朝鮮事態に対してだけは即応体制を平時から構築しなければなりませんが、対中国問題はアメリカ自身がそうであるようにじっくりと世界の動きを見極めながら考えていく必要がありそうです。

第九章　ロシアおよびその他の地域

プーチンのロシア

一九九一年一二月に突然起きたソビエト連邦の解体は、まさに青天の霹靂のような歴史的大事件でした。ソ連共産党の解散を受けて連邦を構成していた多くの共和国が次々と主権国家として独立した結果、ソ連は実に四分の一近い領土を失い、ひとまわり小さなサイズのロシア連邦として残ることになりました（もっとも、それでもロシアは世界一広大な領土を有していますが）。いずれにしても、ソ連のような超軍事大国が短期間に崩壊したことは、歴史上極めて稀なケースです。崩壊の要因については、経済的要因、政治的要因、社会制度的要因、と様々に指摘されていますが、おそらくそのすべての要因に歴史の綾（偶然）が加わって、ソ連という大帝国は崩壊したのでしょう。

ともあれ、どこまで続くかとも思われた米ソ二大覇権国が主導する冷戦時代は、こうして幕を下ろすことになり、世界はアメリカ単独の一極体制へと移行します。

ソ連崩壊後、世界の先行きについて当初は非常に楽観的な見通しが多かったようです。アメリカの政治学者フランシス・フクヤマは、その著書『歴史の終わり』の中でソ連崩壊を民主主義と自由経済の勝利と位置付け、歴史は終わり退屈な平和が訪れると述べ、話題となりました。しかし、人間の世界はそれほど単純なものではないということを、我々は思い知らされることになります。米ソという超大国の存在によって封じ込められていた宗教的熱狂や各地域のナショナリズムは、世界の秩序に対するそれまでとはまったく異なった脅威を生み出しました。ソ連崩壊から二五年、皮肉なことに現在の世界は冷戦時代よりむしろ血生臭くなっているようです。

ロシアに話を戻すと、ソ連崩壊後の指導者ボリス・エリツィン大統領の時代、それまでのただでさえ非効率であった経済システムは大混乱に陥り、一〇年もの間収拾のつかないような有様でした。当然のことながらその影響は軍事にも及び、軍事予算は八〇%削減され兵員数も五〇〇万人から二〇〇万人へと縮小されます。

しかし、二〇〇〇年に元ＫＧＢのスパイであったウラジミール・プーチンが大統領に就任すると、様相はかなり異なってきます。プーチン大統領は旧政府と癒着した新興財閥と対決し、エネルギー関連の資源会社を国の強い影響下に置くことによって財政再建を果たします。プーチン政権は、最初の八年間で国内総生産（ＧＤＰ）を六倍に増大させ、併せてロシア軍の再建に取り組みました。軍事予算は、最低であった一九九九年から二〇〇九年までの一〇年間に約一一倍と急増し、二〇一四年には世界第三位の九兆円台になったといわれています（ちなみに日本は世界第五位の約五兆円)。

一方、兵員数は約一〇〇万人へとさらに減少しています。ロシア軍では徴兵制の矛盾が出て隊内不祥事多く、士気低く、旧態依然の体制で相変わらず効率の悪い軍隊だといわれていますが、近年は世界の軍事潮流に倣い職業軍化が進められているようです。

なお、最近では石油価格が下落し、今後の軍事費増加が難しい状況となっていますが、武器輸出に関しては相変わらず堅調で、その売上は年間一兆円にのぼるとされています。また、これまで中国には最先端の武器は売らないということになっていましたが、近年ではそうした武器も輸出しているようであり、日本としては気になるところです。

現在のロシアは、世界戦争に繋がるような紛争には慎重ですが、ソ連時代に獲得した地域が奪回されるという状況が生じると、国際法を越えて思いきった処置をとることがあり、またそれを可能とする軍事力を保有しています。

ロシアの安全保障政策の基本は、ソ連時代と同様、対NATOにあります。したがって、プーチンはNATOの勢力圏がロシア本土に接近してくることを極度に警戒し強い反応を示します。かつてソ連の緩衝地帯となっていたワルシャワ条約機構加盟の東欧諸国が、ソ連崩壊に先立ち次々と民主化を実現し、あろうことかNATOに鞍替えするに至っては、ロシアが神経質になるのも理解できます。プーチンの肩を持つわけではありませんが、黒海艦隊の拠点があるクリミヤ半島の占領は、ロシア側の軍事戦略に立てばある意味で必然だったのかもしれません。いずれにせよ、近年のグルジア（ジョージア）問題、クリミヤ半島を含むウクライナ問題はまさしくこのロシアの基本政策に起因しているといえます。そして、次に心配されるのはエストニア、ラトビア、リトアニアのバルト三国問題です。

アメリカを中心とするNATO諸国が、クリミヤ・ウクライナにおけるロシアの行動に反発し経済制裁を行ったことから、また石油（ガス）価格下落も相まってロシア経済は厳しい状況にあります。しかし、この経済制裁はNATO傘下の欧州諸国にとっても、食料輸出とエネルギー輸入という点から痛みを伴うものであり、特にドイツには打撃を与えているようです。目下のところ、両者我慢比べといったところでしょうか。

その強権的政治手法から、西側諸国からは何かと不評なプーチンですが、ロシア国内ではいまだに高い支持率を誇っています。プーチンの国民に対するメッセージはシンプルであり、「強いロシアの復活」を掲げ、かつての栄光を取り戻すというものです。イワン雷帝、スターリン、プーチンと、どうやらロシア人には「強い指導者」が好まれるようです。

ともあれ、中国の軍事力が注目される陰で見落とされがちですが、ロシアは現在もアメリカに次ぐ核戦力を保有し、相互確証破壊戦略によりアメリカとの相打ちが可能な唯一の国家です。また、航空宇宙分野における高度な技術ストックがあり、世界一の広大な領土と重要資源を有する軍事強国であることを忘れてはなりません。

NATOとEU軍構想

二〇一五年三月、欧州連合（EU）のユンケル委員長が「欧州連合軍」の創設を提案しました。その際、北大西洋条約機構（NATO）のストロテンベルグ事務総長は「EUが防衛への投資を増やし、防衛能力を向上させるなら歓迎だ」と支持する一方、「NATOとの非効率な重複は避けるべきだ」とクギをさしたとのことです。NATO加盟二八カ国中二二カ国がEUのメンバーですから、これは双方にとって重要な問題です。

NATOはその予算の七五％をアメリカが負担しており、何ごとにつけアメリカがリードしてきましたが、欧州諸国とアメリカでは対ロシア政策で微妙な温度差があることは事実です。二〇一四年からのウクライナ問題では、NATOがロシア介入の過大情報を流しウクライナへの武器売却等を図っていることを対ロシア経済制裁で打撃を受けているドイツが懸念しアメリカに対する牽制策としてEU軍を提案したのだ、というニュースが流されています。フランスは元々EU軍構想に反対でしたが、野党のル・ペンが「フランスはアメリカの陰から脱出すべきだ」と宣言したということです。イギリス、ポーランド、バルト三国は、当然ながらこの新EU軍構想に反対しています。

共通通貨と共通安全保障政策を背骨とするEUですが、ギリシャに発するEU内経済格差問題とともに、軍事政策についても域内で不協和音が生まれつつあることは注目すべきでしょう。

混沌の中東

中東については連日新聞・テレビ等で紹介されているので、ここでは詳述しません。ただ、この地域に四億人ほどのイスラム教徒がいて、それがスンニ派とシーア派で争い、部族間序列がなお存続し、世俗派と原理主義者が対立し、トルコ、アラブ、ペルシャ、クルド等民族間の反目があり、パレスティナ人は同じアラブ人から好かれず、ユダヤ教の国イスラエルが孤立しながらも中東で最も強大な軍事力を誇っている、といったことは認識されなければならないと思います。

中東で人口という面から大きい国はエジプト、イラン、トルコであり、いずれも七〇〇〇万〜八〇〇〇万人というところですが、オイルマネーを集めて経済的に裕福な国はサウジ・アラビア（三〇〇〇万人）、アラブ首長国連邦（九〇〇万人）等々、人口的には中小国だというアンバランスにも着目する必要があるようです。

イラク戦争の時には石油利権の保全に懸命だったアメリカですが、石油価格が下落しシェールガスの開発に目処がついた現在、すっきりと中東から身を引いて外回りを囲み、その内側は中東の人々に委せたいところなのでしょうが、イランの核開発が気になるイスラエルの強い要請にも応えなければならず、さぞや困っていることでしょう。

二〇一五年四月、安保理常任理事国にドイツを加えた六カ国とイランが「イラン核協議」に合意したと伝えられましたが、オバマ米大統領はイスラエルからも国内野党（共和党）からも強い反対を受けていて、今後の見通しはなお不明とニュースは伝えています。

イスラム国への攻撃も、航空攻撃だけでは不十分であり、陸上戦力としてはイラク軍（シーア派主力）が展開していますが、彼らはイラク北部のスンニ派の民衆（イラク国民）に乱暴を働くなど不祥事を起こしているようです。このようなことでは、特殊部隊のみならず、またアメリカ陸上戦力（陸軍または海兵隊）を投入せざるを得なくなるのではないでしょうか。イラク・アフガンから陸上兵力を引き上げることに政治生命をかけたはずのオバマ大統領は、今や正念場に立っているといえます。

親米だがアメリカと同盟を組まないインドとインドネシア

インドは人口一二億を超え、遠からず中国を凌ぐ人口大国になるといわれています。国民の優れた英語・数学能力を基に経済的にも発展しています。年々の軍事予算は約四・五兆円と日本より少ないですが、陸・海・空軍、総員一三〇万人を越える兵員を持ち、核兵器を保有する国でもあります。パキスタン、中国とは長い年月にわたって国境紛争を続けており、実戦能力も十分に備えているといわれています。また、国連ＰＫＯ活動に積極的に参加していることでも評価されています。

宗教はヒンズー教徒が七〇％以上を占めていますが、イスラム教徒、シーク教徒、ジャイナ教徒、ゾロアスター教徒、仏教徒などもかなりの人数にのぼり、カースト制がなお現存しています。

インドネシアは人口約二億四〇〇〇万人、中国、インド、アメリカに次ぐ世界第四位の人口大国です。人口が多いため、どうしても内需型経済となりこのところ景気は低迷気味ですが、この人口を背景とした消費能力は無視できないといわれています。

また、この国は広範囲に拡がる無数の島嶼からできているので、国境線の防衛は困難です。そのため東チモールとかスマトラ・アチェといった遠隔地での独立運動も頻発し、軍にとっては治安維持が重要な任務となっています。軍事予算は日本の一〇分の一程度のものですが、四〇万人の総兵力を有し、軍部は国内有数の政治勢力ともなっています。

バリ島には仏教徒が多いのですが、この国全体の宗教はイスラム教で、一般に穏健ではあるものの、中東のイスラム教徒達と繋がっていることには留意すべきです。

インドもインドネシアも、現在では軍事的にアメリカと良好な関係を維持していますが、両国ともに米ソ冷戦時代にはどちらにも与さない非同盟諸国のリーダー格でした。その伝統が現在も残っていて、親米ではあるがアメリカとの同盟は組まない、というところにも着目すべきでしょう。

北朝鮮には対抗するが中国には対抗しないオーストラリアと韓国

オーストラリアと韓国は、ともに国連軍の一部として朝鮮戦争で北朝鮮軍および中国義勇軍と闘った国です。しかし、両国にとって今や中国は重要な経済的パートナーであって軍事上の仮想敵ではないようです。両国ともアメリカと軍事的同盟関係にあり、その密接さには日米同盟以上のものがありますが、あくまでそれは対北朝鮮事態に備えたものであり、決して対中国目的の同盟でないことを私たちは知る必要があります。

米韓相互防衛条約と太平洋安全保障条約（ANZUS条約）は現在、あくまでも北朝鮮事態抑止・対処のために機能しているのであり、アメリカの対中ヘッジに一部与してはいるものの対中抑止・対処としては機能していない、ということです。

アメリカもそれを承知の上のことなのですから、日本もオーストラリア、韓国とともに対北朝鮮事態に特定して共同で備えるべき時なのではないでしょうか。

第三部

日本の軍事

第一〇章 二一世紀の日本の安全保障

ここ数年、日本の防衛に関する議論は活発になってきました。集団的自衛権の憲法解釈変更をめぐる問題など、長年の懸案についても政治の動きが出てきました。ただ、集団的自衛権にしても、よく理解した上で賛成している人は少数でしょうし、同様によく理解して反対している人も少数なのではないでしょうか。圧倒的多数は「わからない」というのが本当のところではないかと思います。その一方で、日本が軍事に関する法律を整えようとすると、すぐに徴兵制が復活するという声が出てきますし、威勢のいい人たちは日本も核武装すべきだと言い出したりもします。

こうした議論は軍事的にみると、どうなのか。集団的自衛権、集団安全保障の問題の細部については次章に譲るとして、まずは現代における日本の軍事上の諸問題についてその概略に触れておきたいと思います。

日本の安全保障はアメリカ本位か国連本位か

日本の安全保障を議論する時、「日米同盟にすべてを託すのか」それとも「国連中心の国際協調に頼るのか」という論争が起きることがあります。一般的なイメージとしては、右派の人たちの間では「日米同盟」、左派の人たちの間では「国連・国際協調」の論調が強そうです。

しかし、この二者択一的な議論には、ほとんど意味がないと私は考えます。

既に述べたように、一九四五年に第二次世界大戦が終結し、世界はアメリカ主導の一極体制になりました。アメリカは、そうした戦後世界を予期し、一極体制を正当化するために自ら主導し、主要戦勝国のイギリス、フランス、ソ連、中国（当初は中華民国）に拒否権を与えて巻き込み、ニューヨークに国際連合をつくりました。それが国連です。

この「ユナイテッド・ネイションズ」、日本では「国際連合」と訳されていますが、中国では「連合国」と呼ぶそうです。英語から漢字に訳すということでは、中国の方が正しいのでしょう。つまり、国連とは「第二次世界大戦戦勝国連合」のことであり、設立当時の状況を振り返れば、日本は「国連の敵国」であったわけです。そして、一九五一年九月八日、サンフランシスコ平和条約が結ばれた時、吉田首相とアチソン米国務長官による「吉田・アチソン交換公文」の中で、「平和条約発効と同時に、日本国は国際連合が国際連合憲章に従ってとるいかなる行動についてもあらゆる援助を国際連合に与えることを要求する同憲章第二条に掲げる義務を引き受けることになる」という内容を互いに確認しました。

そして、この交換公文の内容に従い、日本は朝鮮戦争が休戦となった直後の一九五四年二月に、アメリカを含む一〇カ国との間で国連軍地位協定に調印しています。日本における国連軍基地の利用に関する取り決めです。いまでは、アメリカ軍との間での日米地位協定は話題になっても、国連軍地位協定は忘れ去られてしまった感があります。

日本が国連に加盟したのは一九五六年一二月、サンフランシスコ平和条約締結から五年後です。なぜ、これほど時間がかかったかといえば、ソ連がサンフランシスコ平和条約に参加していなかったためです。一九五六年一〇月に日本とソ連の間の国交がようやく回復し、その二カ月後に日本は八〇番目の国連加盟国として全会一致で認められました。

国連とアメリカの間には様々な出来事がありましたが、アメリカ一極の世界秩序を守るために世界主要国が協力して国連を維持しているというのが実情です。アメリカが中心に居てこその国連であり、かつての国際連盟のようにアメリカの抜けた国際組織では世界秩序（平和）を維持できないのです。ですから、国連とアメリカは世界秩序維持のための車の両輪であり、国際法の基本はあくまで国連憲章にあります。安全保障を考える上では、このことをよく認識しておく必要があります。

日本に徴兵制は必要なのか

次は徴兵制復活論です。結論からいえば、すでに戦後の軍事の流れの中で説明してきたように、軍事論的にみれば現代の軍隊は徴兵制を必要としていません。端的にいえば、徴兵制度はもう古いのです。

イタリアは、二〇〇〇年に徴兵制を廃止し志願兵制度に移行しました。ソマリアや旧ユーゴスラビア紛争で軍として十分に戦うことができなかったことから、「未熟な軍隊」を「強い軍隊」へと改革するために踏み切ったといわれています。陸、海、空の三軍の総兵力は三十万人から二十万人に削減しましたが、それまで三〇%程度だった志願兵を一〇〇%にし、給与も大幅に引き上げたため、軍事関連支出も増大しました。財政赤字に悩んでいたイタリアとしては、思い切った路線変更だったといえます。

ドイツの場合は、良心的兵役拒否を認める徴兵制をとっていましたが、やはり二〇一一年に徴兵制を廃止しました。日本と同じく第二次世界大戦の敗戦国だったドイツは、西独が一九五六年、東独が一九六二年に徴兵制を復活させ、東西統一後も徴兵制が続きました。兵役期間は次第に短縮されていったのですが、これはドイツ陸軍にとっては悩ましい問題でした。新兵を教育しても短期間の部隊勤務で兵役が終わってしまうので、極めて非効率であり、それ以上に部隊での練成訓練（実地訓練）を十分行うことができないため軍の精強化が進まないことが大問題でした。そうしたわけで、ドイツも結局志願兵制度を選択します。

ただ、こうした軍事潮流の一方で、イスラエル、韓国など人口が少なく、しかも明白な脅威に直面している国では、国民皆兵・徴兵制は当然のことであり、当分は志願制に移行することはできないに違いありません。

中国はというと、人口が桁外れに大きい割に兵員数は限定されているので、選抜徴兵制をとっています。

こうした例外的な国々もありますが、一般論としていえばテクノロジーの発展とともに軍隊でのIT化、機械化は避けられず、こうした技術化、専門化が進むほど、経験や知識を蓄積できない徴兵制の弱点が露わになってくることになります。したがって、財政的には負担であっても、各国は志願兵中心の軍隊にせざるを得ないというのが現在の軍事的常識なのです。

さて、日本です。自衛隊はもともと志願制ですが、これを徴兵制にすべきだという意見がないわけではありません。たとえば、国会で「徴兵制の方がよいのではないか」という質問が出たこともありますし、テレビでは「国を守るのなら徴兵制にして国民全員で戦うべきだ」と発言する人がいたり、「自分のことしか考えない最近の若者を鍛えるために青年たちの教育に徴兵を活用せよ」などと徴兵制復活を唱える旧軍体験者も少なくありません。

発言している人たちは本気でそう考えているのだろうし、それが別の人々には徴兵制復活に対する不安を生んだりするのでしょう。けれども、いずれにせよ徴兵制は国の防衛政策にはなり得ません。現代の軍事情勢は、徴兵制を政策として求めていないのです。

徴兵制復活論者が、「国を守る気概を持て」という意味で徴兵制という問題を提起し、国民を鼓舞しているのであれば、理解できないわけではありません。確かに、志願制の職業軍の最大の弱点は国民と軍隊が乖離しやすいところにあります。その一方で、軍隊は国民の信頼と支援なくして戦うことはできません。

しかし、繰り返すようですが、いまや軍事上得策とはいえない徴兵制を政策として実行するという話はあり得ないのです。

時代錯誤の核武装論

近年、日本も核兵器を保有すべきだと主張する人が増えてきているようです。北朝鮮の核実験や中国の軍拡に対抗してということでしょうが、それでは本当に日本が核を持つ必要があるのでしょうか。被爆国だからという理由はひとまず横に置いて、軍事的に考えてみましょう。

核武装論は、世界が二〇世紀前半と同じように覇権を競い合う多極混沌の時代に入ったという認識を前提としています。しかし、一言で申せばこの発想は時代錯誤です。

もちろん遠い将来には、混沌の時代が来ることがあるかもしれません。そうした事態に備えて核技術に関する基礎的な研究をしておかなければならないことは確かでしょう。しかし、だからといって直ちに核武装すべきだとする意見は、戦略の基礎となる「時代認識」を誤っています。

核武装論者もわかってはいるようですが、少なくとも現在のところアメリカは日本の核武装を嫌っています。というより、許さないでしょう。仮に、国民のナショナリズムを鼓舞して核武装を強行したとすれば、日米関係は根本から見直されることになるのは火を見るより明らかです。

アメリカと調整して、小型核兵器（戦術核）を保持すればいいと主張する人もいるようですが、そこまでして米中両国を敵に回す必要があるのでしょうか。

こうした論者たちは、もちろんアメリカに遠慮をして小型核兵器などというのでしょうが、そもそもその程度の核兵器で中国の核に対する抑止力になるわけがありません。抑止力とは、相手を攻撃すれば自分はそれ以上の損害を受けると考えるところから生まれます。いわば、双方が破滅に至るという冷戦時代の米ソのような関係の中で成立するものです。小型核兵器では、相互確証破壊と呼ばれるような状況にはなりません。戦術レベルの戦いで相手にダメージを与えるには、小型核兵器よりもピンポイント攻撃ができる精密誘導兵器の方がはるかに効率的であり効果的である、というのが現在の軍事常識です。

また、中国の日本に対する核の恫喝に対してアメリカは核による対応を考えていないのだから、アメリカの核の傘などないのだという人もいますが、それは最初からわかりきった話です。アメリカの核の傘は世界戦争を防ぐためのものであり、日本防衛のためのものではありません。また、核の恫喝に対する核の対応などというものは、本来明確にされるべきものではなく、曖昧であるところに戦略的な意味があるのです。

ところで、日本には核廃絶論者が多いようですが、私は平和に寄与する核の効用を認めています。米ソ両国が核兵器を保有して以来、相互自殺（心中）兵器である核の存在が国家間決戦を封じ込め、以後、先進国同士による相手が降伏するまで戦う血みどろの殺し合いはなくなりました。

核廃絶が実現した場合には、ほぼ間違いなく人類はまた国家間決戦を始め、通常兵器による果てしなき殺し合いが復活するでしょう。愚かしい話ですが、相手を殺しても自分は死なないかもしれないという根拠なき希望が歯止めを失わせるのです。本書の冒頭で述べたように、ルワンダの虐殺では棍棒が武器だったわけで、棍棒も含めたすべての武器となり得るものが廃絶した時代になって、初めて核兵器も廃絶できるということなのだと思います。

核兵器をめぐる問題の本質は核兵器そのものではなく、その使用を決定する主体の信頼性なのです。ですから、国家間決戦を抑止するための核兵器（人類を滅亡させられるほどの核兵器）は、既に米ロ両国が保有するものだけで十分だということになります。

確かに、米ロ以外にも核保有国は存在します。ただ、イギリスの核はアメリカの核の分散配置に過ぎず、フランス、中国の核はいわゆる「トリガー（引き金）核」です。「トリガー核」とは「わが国も世界破滅の引き金を引ける」という自己主張であり、「滅多なことでは引き金は引かない」という意味で、「わが国も世界の平和を担う重要国家である」と宣言しているのです。

一方、イスラエルの核は周りのアラブ諸国の攻撃を抑止することが目的であり、イランはこれに対抗して核開発を進めようとしています。インドとパキスタンの核も両国間の戦争抑止を目的とし、それ以外の地域に向かっていません。また、北朝鮮の核はアメリカの関心を引き寄せ、朝鮮半島情勢を自らに有利なものにするためのものです。ただ、北朝鮮は国際的に孤立し追い詰められていることに加え、独裁国家であることから独裁者の心性が狂った場合を想定すると極めて危険であるといわざるを得ません。

ちなみに、米ソ冷戦時代には、両国はともに約一万発以上の核弾頭、イギリス、フランス、中国の各国は二〇〇〇〜四〇〇〇発程度を保有していたといいます。米ソ（ロ）は話し合い、互いに一万発を二〇〇〇発に削減することを約束しましたが、核兵器の削減にもコストがかかります。特にロシアでは核兵器の削減が進まず、アメリカもその進捗状況を見ながら削減を進めるため、未だに六〇〇〇発ほど残っているという話です。

いずれにせよ、核の使用決定者が増えればそれだけ「意思」の数も増え、核による抑止システムは不安定になっていきます。既に保有している各国の核だけでも、ひとつ間違えば大きな連鎖反応を引き起こします。それだけに、核という大量破壊兵器の拡散は、一極秩序（平和）を再び二極対立、多極混沌に戻すものとして断固として阻止しなければならないのです。

なお、不幸にも多極混沌の時代が訪れたとき、地域紛争を抑止するために核を持つという考え方はあり得ます。そうした万一の場合に備えて、日本でも核に関する基礎的な研究を進めることは大切です。その意味で、核武装には反対ですがその議論自体をタブー視、封印することもあってはならないと私は考えています。

核武装を考えるということ

日本における現在の核武装論は、北朝鮮の核開発に対応した形で盛り上がってきたものですが、その底流には「中国の軍備拡大への対応」や「アメリカに対する日本の自主性確立」という意識があります。そして、その背景にはアメリカの退潮をどう捉えるのか、本当に今も軍事力ではアメリカ一極なのか、それとも経済だけでなく軍事でも世界は多極なのか、あるいは多極になりつつあるのか、といった状況認識があります。

日本の核武装を説く論者は、既にアメリカ一極であった時代は終焉し、世界の限りない多極化が始まっており、日本もそれに対応すべきだという認識を持っているようです。

しかし、私を含め核武装反対論者の多くは、価値は多極化していても軍事力についてはいまだにアメリカの一極が続いていると判断しています。仮に多極化の傾向がみられるのだとすれば、日本は現在の一極秩序を維持するために協力すべきなのか、あるいは世界の軍事的多極化をさらに促進すべきなのか。どちらが国益を利するのか、国家として判断しなければなりません。

軍事的には、通常兵器の役割を明確にするだけでなく、核兵器は本当に使えない兵器なのか、どういう条件ならば使われる可能性があるのかを明らかにしなければならないし、日本が自ら保有するとして、その使用目的・場面をどう限定するのか、その場合の友好国との連携のあり方についても厳格に検討していかなければなりません。

さらには、

① 核兵器に代わって現在期待されている「精密誘導弾」による外科的攻撃は本当に有効なのか。

② そのための情報（衛星情報、人間情報）は保有できるのか。

③　通常弾頭、核弾頭による地下壕攻撃はどの程度有効なのか。
④　「防御専門兵器」であるミサイル防衛システムはいつになったら役に立つのか。
⑤　日本は核による損害のリスクをどの程度許容できるのか。国民保護・核シェルターなどはどうするのか。
⑥　もし朝鮮半島で紛争が発生し、韓国領土内で入り乱れての陸戦となった場合、韓国・アメリカなどの陸上軍は何ができるのか。その際に日本や中国は何をするのか、できるのか。
⑦　難民流出、テロ・ゲリラにはいかに対処するのか。

といったことも検討しておく必要があります。

もちろん、これらの行動、特に武力行使に関わる国際法・国内法の研究・整備も重要であり、財政の裏付けも求められます。

このように、核保有の議論をすることは、政治、外交、軍事、法制、財政のすべてについて広く学ぶことに繋がります。そして、こうした論議抜きに「すべてをアメリカに任せればいい」とか、「軍備を持たずに世界に核廃絶を訴え続ければ必ず平和がやって来る」とか、あるいは「核さえ持てばどこからも攻撃されない」といった根拠なき結論を軽々に出すことはできません。要するに、核について議論することは日本の防衛のあり方をもう一度根本から考え直すことでもあるのです。そして、それは有意義な議論ですなお、私個人としては、現在世界の平和のために日本が何よりも取り組まなければならないのは大量破壊兵器の拡散防止に協力することであり、その役割を期待されている日本が自ら核兵器を持つことなど元より論外であると考えています。

陸上自衛隊は海兵隊になるべきか

軍の効率化は、冷戦時代から今日に至るまでの軍事上の大きなテーマの一つです。

組織面でいうと、自衛隊にもアメリカの海兵隊のような水陸両用部隊を導入すべきではないかという議論があります。

アメリカの海兵隊は陸海空軍から独立した組織であり、陸上部隊だけでなく独自の航空戦力をも保有し、海軍の艦艇・舟艇の支援を受けて外地機動作戦を展開できることが特徴です。第二次世界大戦では、太平洋諸島の上陸作戦で戦功を上げました。日本のように限られた国土の防衛、とりわけ尖閣諸島のような島嶼をめぐる防衛が注目を浴びる現在、自衛隊は陸海空に分かれているよりも、陸海空が一体化した海兵隊のような軍事組織にした方が、効率的かつ効果的なのではないかという意見まで出ています。

実は、陸上自衛隊には既に「西方普通科連隊」という海兵隊型の部隊があります。この日本海兵隊とでもいうべき部隊は、カリフォルニアでアメリカの海兵隊と共同訓練をしていて、さらには上陸作戦などの際に利用されるアメリカ製の強襲型水陸両用輸送車を導入するという話もあります。

南西諸島の奪回作戦などを考えると当然の対応ともいえますが、より大きな問題はこうした日本海兵隊と陸上自衛隊主力との関係を今後どのようにしていくのかということです。陸上自衛隊をすべて海兵隊にしてしまうのか、それとも一部なのか、半々ぐらいなのか。どのように自衛隊を設計していくのかは、今後の自衛隊を考える上での大きな論点です。

ちなみに、アメリカ陸軍の作戦は、

① シェイピング・オペレーション（Shaping Ops：形作る作戦）
② デシシィブ・オペレーション（Decisive Ops：決定的作戦）
③ サステイニング・オペレーション（Sustaining Ops：支え続ける作戦）

という三つに分けられています。

このうち、①を実行するのは騎兵、②は歩兵、砲兵、戦車兵、③は後方支援部隊の役割となります。

①の騎兵というのは、西部劇に出てくるような馬に乗った兵士ということではなく、現代ではヘリコプターや戦車等を主装備とし、歩兵・砲兵・兵站部隊をも含んだ諸職種連合部隊で、日本でいえば先遣（さきがけ）専門部隊とでもいうべきものです。自衛隊の偵察部隊にも似てはいま

すが、それとは比較にならないぐらい規模の大きな部隊です。

この三つの作戦は、相撲に例えてみるとわかりやすいと思います。
①の形作る作戦は、勝負の形を決めようとする差し手争い、前さばきのようなもので、技と力の勝負です。②の決定的作戦は腰。ここでは技よりも力の大きさが重要です。③の支え続ける作戦は、スタミナをいかに維持するかということですが、これは戦いの内容と長さによって変わってきます。
相撲では、張ったり叩いたり引き落としたりして、本腰が入る前に勝負がついてしまうことがよくありますが、実戦でも騎兵（捜索連隊）の突進で敵の陣地を突き抜けてしまったマレー作戦のような先例があります。

一九四一年一二月八日にマレー半島北端のコタバルに上陸してからの帝国陸軍は南端のジョホールバルに至るまで二カ月もかかりませんでした。そして、一九四四年二月一五日にはシンガポールが陥落します。しかし、前さばきの本質は勝負をつけることではなく、本腰を入れるためにいかに有利な条件をつくるかにあります。相手も自分たちに有利な形をつくりたいと考えているのは同じでしょうから、この戦いは難しいのです。この局面を軍事用語で「条件作為」、英語で「コンディショニング」ともいいますが、このシェイピング（形作る）作戦を担うのは敏捷な騎兵です。

さて、海兵隊の話に戻すと、沖縄の海兵隊に長年勤務していたアメリカ軍の政治顧問が「海兵隊とは陸軍の騎兵のことですよ」と教えてくれたことがありますが、私も同感です。海兵隊は騎兵なのです。

主力のために先駆けし、橋頭堡を確保し、主力を前線に押し出し、主力の側方・後方を守る。そうした騎兵の役割がまさに海兵隊の仕事なのです。そうだとすると、海兵隊の後に入ってきて、本格的に腰の入った戦闘を行う「主力」とは何を指すのでしょうか。

アメリカ海兵隊の後方に控えているのは、いうまでもなくアメリカ陸軍に他なりません。では、日本の場合はどうでしょう。

自衛隊に海兵隊ができたとき、「主力」とはやはり陸上自衛隊ということになるのでしょう。とすると、その「主力」は「主力たり得るのか」という疑問が出てきます。人によっては、主力というのはアメリカ陸軍であり、陸上自衛隊すべてが先駆け部隊（すなわち自衛隊はアメリカ軍の露払い）という意見もあるでしょうが、それでは日本の独立性そのものに関わってくることになります。

一方、日本は島国であり、アメリカ、ロシア、中国などの大陸国とは違ってどこにも縦深《じゅうしん》がないのだから先駆け部隊と主力は同じでいいのだ、という意見もあります。確かに、尖閣諸島のような離れ小島の場合はそれでいいのかもしれませんが、同じ「南西諸島」といっても、人口一三〇万人に近い沖縄本島の場合はそうはいかないでしょう。橋頭堡の港、あるいは確保された地点に航空機・ヘリ・船舶などで着上陸する主力部隊（海兵隊化されていない陸上自衛隊の主力）がどうしても必要となります。機動力・即応力といった前さばきを強くすることにまったく異論はありませんが、海兵隊化を進めた結果、本腰とも言える主力部隊が弱体化するのでは意味がありません。自衛隊の海兵隊化を議論する際のポイントはそこにあります。

テロに対して「専守防衛」は通用するか

日本の防衛というと、「専守防衛」という言葉を思い浮かべる人が多いかもしれません。この言葉は自衛隊の誕生をめぐる問題から生まれたものといっていいでしょう。日本国憲法の「個別的自衛」においてのみ必要最小限の武力行使を認める、という憲法解釈の中で自衛隊は発足しました。当初は、この「個別的自衛における武力行使」でさえ違憲であるという考えを持った人たちが大勢いたものです。戦争放棄の憲法の下では、自国を守るためであっても武力を行使してはならない。中には非武装中立論を唱える人も少なくなかった時代です。その人たちをなだめるために持ちだされた言葉が「専守防衛」であったと私は考えています。自衛は自衛でも専ら守る自衛だから、まさに必要最小限の武力行使だという理屈で、もともと受動的な行動である自衛をさらに受動的なものに限定することで問題を解決しようとしたのでしょう。

当時の政府・国民は、「防衛」とはすなわち「自衛」のことだと考えていて、防衛の中に自衛以外の行動が含まれているなどとは思いもつかなかったのでしょう。いずれにせよ、国際法の世界や防衛の現場からあまりにも遊離した観念的な議論ではありました。

しかし、最近になって「専守防衛」に対する疑問の声が出てくるようになっています。その一因は、国際環境の変化です。既に述べてきたように、現代の最大の脅威は「テロ」と「大量破壊兵器の拡散」です。テロに対する自衛という問題は、何も9・11同時多発テロに始まったわけではなく、イスラエルと中東諸国は一九五〇年代からテロに対する復仇（報復）・予防行動・先制攻撃等を繰り返してきました。一九八一年にイスラエルがイラクの原子炉を空爆した事件がありますが、これはイラクの核兵器開発を阻止しようとしたもので、イスラエルはこれを「大量破壊兵器拡散」に対処した先制的自衛だ、といっています。

テロは基本的に軍事用語でいうヒット・エンド・ラン戦法、つまり攻撃（ヒット）して、すぐに逃げる（ラン）という作戦で、その場の対応だけでは制圧することも抑止することもできません。核兵器のような大量破壊兵器となると一度使われてしまったら、対応の余地はなく、大きな被害が発生することになります。そこで、国際法でも復仇・予防・先制といった概念が自衛の範囲として一部認められるようになりました。もっとも、こうした自衛のための軍事行動と一九七四年に国連が決めた「侵略」の概念との間の線引きは、現実問題になるとなかなか難しく、国連でも各論になると国際法で許容される自衛の範囲内かどうかをめぐり激しい論争が続いています。

いずれにせよ、現代の脅威に対して専守防衛では対処しきれない問題が出てきています。

「世界の平和」なくして「日本の平和」はあり得るか

これまで日本人は、「日本の平和」と「世界の平和」とは直接関係しないと思っていたようなところがあります。「世界には戦争好きの国がたくさんあり、戦争は起こり続けるだろう。しかし、何よりも日本にとって大切なことは、他人の戦争に巻き込まれないようにすることだ」と考える人が、保守、革新を問わず多かったように見受けられます。いわゆる、自分の国さえ戦争がなければいいという「一国平和主義」です。

現代は、力においては一極の時代です。それは二極（対立）の時代や多極（混沌）の時代よりは、はるかに平和です。しかし、第二次大戦直後の「アメリカ主導一極平和の時代」がソ連の核開発（大量破壊兵器の拡散）と中国のゲリラ・人海戦術（非対称脅威）によって、わずか五年で「二極対立」に変化したことを忘れてはなりません。現在の「日本の平和」にとって何よりも大切なことは、この「世界（一極）平和」を守ることであり、「二極対立」や「多極混沌」の時代への後戻りを避けることだと私は考えています。

これまで繰り返してきたように、一極の中心がアメリカであることはいうまでもありません。一方で国連がありますが、これは第二次世界大戦末期に「アメリカ一極秩序」を正当化する国際機関としてアメリカが創作したものです。われわれはアメリカをはじめとする諸外国とともに、この国連を最大限活用して、現在の一極秩序を守っていかなければなりません。その「世界平和」がすなわち「日本の平和」になるのです。

アメリカのユニラテラリズム（単独主義）が各国の価値観を乱し、それこそが世界の平和を乱す元凶ではないかという意見もありますが、そんなことはありません。アメリカの価値観は「自由と民主」ですが、これは曖昧かつ誰にも反対できない幅広い概念です。各国は、この「自由と民主」の中に、それぞれ独自の概念を埋め込み、勝手に解釈することができます。ですから、力は一極であっても、価値においては多極であり、それ故に各国はアメリカから独立しているのです。力の一極を守るということは、何もかもアメリカに追随するという意味ではありません。自らの国の独立と自由を守るために、現在はアメリカ一極を選択することが現実的な道である、私はそう考えています。

現代における軍事力の役割

現在のような時代にあって、各国の軍事力には三つの役割があります。

① アメリカ主導の一極秩序を維持するためのバランスウェイト（重石）、あるいは、バランサー（釣り合いを取る人）となること。

② 「世界秩序を崩し二極・多極化を目論む毒蛇・毒虫」を退治すること。

③ 世界秩序が崩壊した時への準備。

このうち、①は二極・多極を形成するような巨熊、巨竜の再生・新生を防ぐものであり、実は世界秩序（平和）を維持するために最も重要なことです。これを「存在・抑止の役割」と呼びます。近年、各国の国際的な地位（発言権）を高めるものとして、有志連合などの多国籍軍、PKO（国連平和維持活動）などへの参加が期待されていますが、これはまさにバランサーとしての役割を担う覚悟を世界に示すことなのです。

二極時代には双方に抑止力が働き、それが二極以外の勢力勃興を防いでいましたが、一極時代では、そうした抑制が緩み、秩序の下をかいくぐって「毒蛇・毒虫」のような武装組織が増えてきました。その結果、国が一挙に崩壊するようなことはありませんが、毒が回ると危険なので、こうした脅威が出てきた場合には即応性をもって直ちに退治しなければなりません。この②の役割を「即応・対処の役割」といいます。いま問題となっているテロ・ゲリラに対する措置はこの分野に属しますが、防衛（自衛）行動というよりも保全・警備行動の範疇に入るものが多いことが特徴です。

最後に③の役割です。アメリカ主導の一極秩序は世界平和のために永続を図るべきものですが、これが未来永劫続くという保証はありません。アメリカの自壊や天変地異などにより、他国との連携もとれず独力で行動せざるを得ない場面も想定しておく必要があります。そのために今から完全に準備しておくことは不可能ですが、その時になってから対応を始めても間に合わないというものについては基礎を打っておかなければなりません。国民の防衛意識の向上や隊員の基礎的教育訓練の継続、さらには軍事技術の基盤固め、軍事関連法制の整備などが③の役割となります。これを「準備・定礎の役割」といいます。

米ソ対立の時代、自衛隊では「即応・対処」の役割はほとんどなく、「存在・抑止」と「準備・定礎」を合わせて基盤的防衛力と称していました。二極対立時代から一極秩序時代となり、さらに9・11事件を経て、「即応・対処」の役割が急速に増すなど世界情勢は変化を続けています。時代の流れにやや遅れ気味とはいえ、自衛隊も新しい環境に対応してきました。自衛隊の編成・装備・任務・行動は大きく変わりつつあります。PKOへの参加によって、国の名誉に関わる行動を実行して成果をあげることができたし、集団的安全保障の一環として、広く「世界の平和」に関わるようにもなりました。

災害を含む不測事態など抑止の効きにくい脅威に対し「即応・対処」の体制強化も進んできていますが、これまで積み重ねてきた重石としての「存在・抑止」、長期を見据えた「定礎・準備」の役割もなくなったわけではなく、ますます重要となってきています。

こうした状況変化から、自衛隊の未来を考えるとき「専守防衛」という言葉は障害になってくるといってもいいかもしれません。

たとえば、情報収集・分析という行動を「専守防衛」という言葉の範囲で実行しようとすれば、きわめて非効率なものになってきます。情報収集は「攻撃」ではないという人もいるでしょうが、ある国が世界中に情報網を巡らせ積極的に情報を取ることは、ある種の攻撃であり、もう一方の国がこれに対して情報保全措置をとることは、ある種の防御です。あくまで「専守防衛」の枠内で情報を収集するということになると、どこで線を引いたらいいのか、十分な情報収集活動ができない恐れがあります。結果として「専守防衛」そのものが成り立たないということにもなります。また、「存在・抑止の役割」にしても、守りの力だけでは不十分なことは当然です。アメリカが軍のトランスフォーメーション（改革）によって同盟国と戦力を再構成しようとしているとき、アメリカ軍と調整する戦力の中には戦術的攻撃能力も求められることは間違いないでしょう。

一方、テロ・ゲリラがヒット・エンド・ラン戦法を常套手段としていることは前述した通りですが、ヒット（攻撃）された時にだけ対応するのでは、敵の度重なる攻撃を許すことになります。ヒットされたならば、その逃げる相手を追いかけ、追い詰め撃滅しなければなりません。そうした行動をとるにあたって「専守防衛」という言葉は何かしらブレーキとなります。

ところで、イラク・クウェートに派遣された陸上・航空自衛隊の行動は自衛とはいえません。これは、国連決議に基づく多国籍軍としての行動であり、国連の集団措置の一部です。「専守防衛」とはまったく関係のない活動といえます。これは、「存在・抑止の役割」で述べた世界秩序を守るためのバランサーとしての行動でもあります。こうした任務が増えてくることを考えると、「専守防衛」という言葉で自衛隊の行動を縛ることがいいのかどうか。それが世界の平和、ひいては日本の平和に貢献するのか。「専守防衛」という言葉の心地よさにとらわれずに、冷静に考えてみる必要があります。

自衛という行為はもともと極めて受動的なものです。これは、相手からの侵害があり、他に手段がない時に限って発動されるものであり、必要限度内の実力行使しか認められていません。そして、専守防衛という言葉は「日本の憲法の定めるところにより自衛（それも個別的自衛）しかできないのだ」、そして「自衛以外の武力行使はすべからく侵略」となるという前提から生まれています。しかし、こうした考えは間違っています。

「専守防衛」という言葉には、「世界の平和」に貢献しようという積極性・主導性はありません。日本が軍事に対してタブーを作り、「専守防衛」という言葉を信奉するのは、戦前に対する反省の念からかもしれませんが、現在は国家が覇権を競い合う多極時代ではありません。また、日本が軍事力でアメリカと並ぶ二極の片方になろうという野心を持っているわけでもないし、なれるわけもありません。二一世紀という新しい環境の中で、「世界の平和」に積極的に寄与し、以て「日本の平和」と「日本の独立（名誉）」を確保しなければならない時代なのです。さらに、「一国の防衛」は「一国の自衛」だけで成り立たない時代になっていることを認識しなければなりません。自衛はもちろん今もなお重要ですが、それ以上に世界の安全保障に積極的に参加することがより重要なのです。

国連の集団的安全保障（集団的措置）に参加することは、世界各国の義務（オブリゲーション）です。この義務に違反しても罰則が課されることはありませんが、これはノーブレス・オブリージュ（高貴なる者の責務）といえます。強制されるものではありませんが、その厳しく苦しい役割を自ら進んで担うからこそ、そこに国の名誉が生まれるのです。日本と同じ敗戦国のドイツは、ナチス政権時代への反省から海外への派兵には極めて慎重でしたが、世界の安全保障に参画することが防衛であると考え、いまでは各種多国籍軍やＰＫＯ等の軍事活動に積極的に貢献していて、相当数の死者や負傷者も出しています。

日本の防衛とは何か、世界の平和とは何か、日本の平和と独立とは何かについて、もう一度この時代環境の中で考えてみるべき時だと思います。集団的自衛権に関する議論もそうした視点でみていく必要があります。

投射力のアメリカ軍と対応力の自衛隊

軍事力には他国に投射する力と、他国の投射力に対応する力の二つがあります。前者を攻撃力（槍）、後者を防御力（盾）といった戦術用語にして説明すると、戦争を想定しているようでもあり誤解を招きやすいので、ここでは投射力、対応力という言葉で話を進めたいと思います。

これまでの日本の防衛戦略は、投射力を全面的にアメリカ軍に依存し、対応力はアメリカ軍に支援された自衛隊が担当するという枠組みで成立していました。しかし、最近では周辺事態におけるアメリカ軍への支援、ＰＫＯ活動への参加、他国軍との交流などが自衛隊に求められ、それに応じてきていることが自衛隊の投射力参加になるのではないかと指摘されています。外国に何がしかの力を積極的に及ぼすということからすると、これは投射力の一部というべきものであり、自衛隊にもこうした役割に加わる時期が来たと考えるべきなのでしょう。

もともと投射力と対応力は表裏一体の関係にあります。たとえば、自衛隊がこれまで努力してきた対応力の増強は、結果としてアメリカ軍基地を強化し、また自衛隊支援用のアメリカ軍戦力を投射力に転換させることなどを通じて、アメリカ軍の投射力増強につながってきました。

当面、投射力のアメリカ軍、対応力の自衛隊という全般的な役割分担を変える必要はないし、国民感情から考えても変えることはできないでしょう。ただ、今後さらに自衛隊の対応力を強め、それによりアメリカ軍の投射力を高める。そして、要請され、なおかつ可能なことについては自衛隊も投射力の一部に加わり、さらにアジア全域ひいては世界の平和と安定に寄与していかなければならなくなるでしょう。それが地域安定勢力の自衛隊になるということでもあるのです。

仮想敵は必要か

軍隊の日常は行動時を除き、すべて訓練です。訓練を重ね、精強な部隊をつくることが、①存在・抑止の役割、②即応・対処の役割、③準備・定礎の役割、のすべてにつながってくるからです。訓練をしない軍隊はオモチャの兵隊であり、それは専門家がみればすぐに判定できます。ですから、部隊・装備というハードにいくら資金を投じたところで、訓練というソフトが不十分であれば、軍隊は抑止力にも即応力にも準備力にもなり得ません。自衛隊も外国からみれば軍隊ですから、この点はまったく変わりません。

しかし、その訓練の重要性を理解している人が日本にはほとんどいない。政治家も官僚もマスコミも学者も同様です。これが日本の防衛力整備上の大きな問題です。

既に述べたように、防衛力には「脅威対抗防衛力」と「基盤的防衛力」の二つがあります。前者は脅威（敵）が明確であり訓練の目標を立てることができるので、一般に軍人は好みます。一方、後者は脅威が不透明なため、訓練はやりにくいところがあります。

一九七六年（昭和五一年）に策定された防衛計画大綱（51大綱）では「基盤的防衛力」が明示されましたが、そこに「限定小規模侵攻独力対処」という名称で「脅威対抗」的要素を強引に持ち込んだのは、精強部隊の育成を最大の眼目としていた陸上自衛隊の先輩たちでした。海上・航空自衛隊と違って、アメリカ軍との接触機会が少ない陸上自衛隊が日本の自主性保持を主張した場面でもありました。このとき、海・空自衛隊の先輩方は「陸上自衛隊は時代錯誤だ」と冷ややかな目で見ていたそうです。

ともあれ、当時は「基盤的防衛力」の自衛隊であり、その自衛隊が「ソ連を対象に訓練をしている」とはいえない時代でもありました。陸上自衛隊は「訓練対抗部隊」という仮の敵をつくって訓練をしていたのですが、その「訓練対抗部隊」がソ連軍に似ているということで、マスコミで問題になったこともあります。

当時の来栖弘臣陸上幕僚長は、そのとき、こう答えたそうです。

「現実にどんな敵と戦うかはわかりませんが、世界で最も強い軍隊を対象にして訓練しておけばすべての敵に対応できます。世界で一番強い軍隊は当然米軍なのですが、自衛隊は米軍と編成・装備が似ているので自衛隊同士の対抗訓練をやれば、その目的を概ね達成できます。もう一つ、同様に世界で一番強い軍隊にソ連軍があります。そのソ連軍に似たかたちの部隊をも相手に訓練できれば、より良いということになります。そういえば自衛隊の訓練対抗部隊は何となくソ連軍に似ているかもしれませんね」

さて、二〇〇四年（平成一六年）に決まった防衛計画大綱（16大綱）から「基盤的防衛力」という言葉が消えました。ミサイル防衛の導入で、即応対処の役割が大きくなってきたためでしょう。それはそれでいいのですが、肝心の自衛隊員や自衛隊OBまでもが「これからはすべからく脅威対抗で考えるべきだ」と思い込んでしまったように見受けられます。

最近、中国脅威論が喧伝されるようになり、「中国対抗の自衛隊にすべきだ」という意見が多くなってきた背景には、こうした誤解があります。特に51大綱のときには陸の脅威対抗論に批判的だった海上自衛隊OBの人々が、当時とは逆の議論をしているのは困ったことです。自衛隊はまだまだ基盤的防衛力が必要だし、現代は脅威（敵）を一つに固定した脅威対抗防衛力だけで対応すべき時代ではありません。

第二次世界大戦で、日本陸軍はソ連に対抗して戦う訓練だけをしてアメリカと戦い、敗れました。海軍はアメリカを脅威とすることは間違わなかったものの、アメリカ軍を短期的にしか捉えられず、思わぬ長期戦になって敗れました。当時にして単純な脅威対抗論は失敗したのです。現代は当時よりももっと複雑な時代です。軍事国家・北朝鮮を対象とした装備と訓練は脅威を想定し、即応性をもって準備しておかなければなりません。しかし、その他の潜在的脅威に対しては、いつ、どこで、誰と、どのように戦うのかを決めつけずに、オールラウンドに幅広く準備しておかなければならない。それが「基盤的防衛力」なのです。

アメリカ軍は冷戦終結後、ソ連という脅威を失って目標に困り、日本の真似をして「ベース・フォース（基盤的防衛力）」という戦略を構築しました。その後、「ボトムアップ・レビュー」という積み上げ方式の見直しに移り、さらに現在の「四年ごとの国防計画の見直し（QDR）」へと変化していきました。

最新のQDRには、もう「ベース・フォース」という言葉はありませんが、戦略の根底をなしているのは基盤的防衛力の思想です。「対テロ」、「大量破壊兵器拡散対処」、「本土防衛」など、いずれも対象は不透明で多様な任務です。この他に「戦略的分岐点にある国家の選択肢の形成」という難解な言葉を使った項目もあります。すなわち、脅威として名指すようなことはせず、しかも相手国を中国一本に絞ることなく、ロシア、インドと並べて幅広くまとめています。要するに、現代において脅威を絞り込む「単純な脅威対抗論」は効率的なようにみえて、多様化、複雑化する脅威に対し実は非効率なものになっているのです。

特定の脅威への対抗を強調することは説明がしやすく、予算も取りやすければ、法制化もしやすい。それに比べて基盤的防衛力を理解してもらうことはずっと大変です。しかし、日本にとっていま、問題なのは基盤的防衛力が国力に釣り合わず貧弱なことです。その本質に戻って、防衛論議を進めてほしいものです。訓練にしても、来栖流の知恵をもう一度、思い起こす必要もあるのでしょう。特定の脅威を声高に主張することに意味があるのかどうか、いま一度考えてみてもいいでしょう。

沖縄の米軍基地

さて、日本の安全保障を考える場合、やはり沖縄の米軍基地について触れないわけにはいきません。在沖縄米軍基地は、軍事論だけでは割り切れない様々な問題を抱えていますが、元自衛官である私としては本書のテーマに沿って軍事ないし防衛という観点からの評価のみ述べ、安易な政治的評論は避けるべきであろうと考えています。というわけで、以下に述べるのは在沖縄米軍基地についての純軍事的考察であることをご承知ください。

現在、沖縄にはアメリカの空軍、海兵隊、陸軍が駐屯していますが、このうち陸軍については、その兵員数も基地の規模も小さいのでここでは割愛します。

まず、アメリカ空軍が管掌する嘉手納空軍基地ですが、この飛行場は成田空港に匹敵する二本の滑走路を有する極東最大の空軍基地であり、アメリカにとってその世界戦略を支える重要な軍事基地のひとつとなっています。次章で述べますが、これからの集団安全保障を考えた場合、日本にとってもその存在の意味は決して小さくありません。

次に移転問題が現在政治的争点となっている普天間基地。この基地を管掌するのは海兵隊ですが、現在沖縄に駐留する海兵隊の兵員数は、従来の三分の一ほどに縮小されています。かつて沖縄にあった第三海兵遠征軍は、現在三つの海兵空地任務部隊（Marine Air-Ground Task Force）に分けられ、グアム、沖縄、ハワイ（将来はオーストラリア）の三基地（各基地付訓練場を含む）に分散配置されつつあります。各任務部隊はサイクリックに交代で配備され、そこで訓練を行いながら常時世界のどこへでも即応できる能力を維持しようとしています。以前の海兵隊は艦船で移動することが特色でしたが、現在では航空機（ヘリコプター、オスプレイを含む）によって移動することが多くなっています。海兵隊は、兵員輸送、地上部隊への火力・兵站支援、および敵地での友軍・米民間人救出のために独自の航空装備を有し、普天間基地の主要施設も飛行場です。

軍事的にみたとき、普天間基地の存在は日本にとって極めて重要です。なぜなら、普天間基地の海兵隊の一義的任務は、日本の安全保障に直結する朝鮮有事に対応することにあるからです。通常、海兵隊は主力部隊に先行して投入され、戦闘の地ならしをすると同時に敵地のアメリカ人を救出するという任務を担っています。朝鮮半島での紛争を想定した場合、迅速な展開を要求される海兵隊にとって、沖縄という地の利は非常に大きなメリットとなっているわけです。また、グアム、ハワイ、オーストラリアの海兵空地任務部隊（ＭＡＧＴＦ）も沖縄を中継して投入されると予想されます。

なお、普天間基地については一般に飛行場問題のみが議論されてきました。しかし、これまでほとんど指摘されることはありませんでしたが、実はこの基地が軍事的に重要な意味を持つ理由として、北部訓練場の存在があるのです。

沖縄北部訓練場は、ベトナム戦争以前から対ゲリラ戦訓練のために活用されてきた訓練場であり、グアム、ハワイ、オーストラリアの訓練場にはない特色を持ち、普天間基地とセットになった重要施設です。したがって、海兵隊にとっては失いたくない施設であろうと思われます。現在移転が計画されている辺野古であれば、引き続き北部訓練場を利用できますが、県外移転となるとこの訓練場が問題となるわけです。鳩山元首相の時代に県外移転の候補地として長崎空港、佐賀空港、関西空港等が検討されましたが、結局断念した理由はこの北部訓練場の代替地がなかったことにあります。

以上、簡単ではありますが在沖縄米軍基地について、その軍事的位置付けを述べました。沖縄の米軍基地については、以前よりその是非をめぐって様々な立場から論議がなされてきましたが、その中には米軍基地が存在することによって沖縄が戦火に巻き込まれるリスクが高まるという説もありました。しかし、それは一種のフィクションです。なぜなら、沖縄を攻撃するということは、アメリカに宣戦布告することと同義だからです。いってみれば、眠っているライオンの鼻面を思い切り蹴飛ばすようなものです。仮に北朝鮮がそんなことをすれば北朝鮮という国の消滅につながるし、中国やロシアがそんな馬鹿げた行為に及ぶことなどあり得ません。

ところで、当のアメリカは在沖縄米軍基地をどう捉えているのでしょうか。

その前に再度確認しておきたいことは、沖縄の米軍基地は日本の防衛のために存在しているわけではなく、アメリカの世界戦略の中に組み込まれた存在であるということです。したがって、日本の安全保障戦略とアメリカのそれとは重なる部分はあっても、完全に一致しているわけではありません。

さて、アメリカ側の認識ですが、総論としていえば現在のところ沖縄の基地を重要な拠点として位置付け、その現状維持を望んでいるようです。ただ、アメリカの軍事戦略はその基本こそ変わりませんが、時代時代の内外情勢、政権のカラーによって個々の軍事政策が変わることも事実です。また、アメリカは、国内に様々な意見が混在し、かつ多様な意見を許容する幅が大きい国でもあります。その意味で、アメリカの軍事政策には予測不能なところがあることも否めません。

沖縄の基地についていえば、第四章でも述べたように一九九六年頃、アメリカ海軍研究所で沖縄海兵隊基地をオーストラリアに移転する案が検討されていました。余談ではありますが、その話を聞いた当時の自民党幹事長加藤紘一と新進党の石井一が直ぐに訪米し、アメリカ政府の担当者に事の真偽を確認したところ、「そんなことはまったく考えていない」とあしらわれて帰ってきたというエピソードがあります。

また、二〇〇〇年前後だったと思いますが、雑誌『ＶＯＩＣＥ』（ＰＨＰ研究所）に、アメリカの若手研究者マイク・モチヅキと森本敏による「沖縄の海兵隊基地は不要である」という主旨の記事が掲載されたことがあります。「現今の戦争は、まず制空権の争奪戦から始まり、その決着がついてから陸上戦になる。その期間が最小限一週間はあるので、沖縄から戦場に駆けつけなくても、ハワイからゆっくり艦船で向かえば結果は同じだ」というのが彼らの論拠でした。私事になりますが、その記事について竹田五郎元統幕議長（元空将）が、ある会社で同室していた私に「これはおかしいね。朝鮮の場合にはそんな戦争にはならないだろう」といわれたので「まったくその通りです。北朝鮮が韓国に侵入した場合、まず米韓両軍基地にテロ・ゲリラ攻撃をかけるはずなので、その防衛およびアメリカ人等の救出のため、沖縄の海兵隊は直ちに韓国に向かうはずです」と応えた記憶があります。

ちなみに、沖縄基地問題についてはモチヅキのブルッキングス研究所時代の同僚、マイケル・オハンロンも同意見です。ブルッキングス研究所はリベラル派の牙城といわれる民主党系のシンクタンクですが、現在のところオバマ政権が彼らの沖縄政策を採用することはないようです。

このように、歴代のアメリカの政権は、採用はせずとも多様な政策提案を許容し、かつ国益を守るための検討材料としています。そのあたりは、アメリカという国の懐の深さともいえるでしょう。

現在、普天間基地の辺野古移設計画を発端として、沖縄県と中央政府の関係は戦後最悪の状況といえるかもしれません。ただ、大部分の沖縄県民は、現在のところ中国の干渉、あるいは日本離脱を望んでいないということが救いといえば救いです。どのようなかたちであれ、日本国民の民意の分断とそれに伴う社会的混乱は中国の望むところでしょう。これは、中国はけしからんといったレベルの話ではありません。中国には中国の国益と戦略があり、中国からすれば日本の弱体化を図ることは当然であるといえます。もちろん、日本はそれに対抗する戦略を持たなければなりません。

島津侵略と琉球処分、琉球併合、沖縄戦、米軍統治、復帰後に実施された在日米軍の沖縄への集約（面積にすると日本国土の一割以下の沖縄に在日米軍専用基地の七割以上を占める面積の基地が存在する）、といった沖縄の近現代史は私も承知しています。そして、沖縄の米軍基地をめぐっては、以下にあげるようなそれぞれ相反する複数の視点があることを理解しています。

① 在日米軍基地、とりわけ沖縄の米軍基地は、日本の安全保障にとって極めて重要な役割を果たしてきた。事実、戦後七〇年の平和を支えた最大の要因といってもよく、今後も日本の現実的安全保障戦略にとってその重要性は変わらない。

② 米軍統治時代、復帰後を通じて、幼女強姦惨殺事件、少女レイプ事件をはじめとしたアメリカ兵によるおぞましい凶悪事件は数知れず、加えて軍用機墜落事故、騒音、環境破壊等、本土の日本人があまり認識していない米軍基地の抱える暗部を、沖縄県民は身近に目にして

きた。また、そうしたアメリカ兵による犯罪や不祥事に対する第一次裁判権が日本にないことから、日本の「独立」という概念に重大な疑義が生じている。当然のことながら、長い年月のうちに堆積した県民の不満は大きい。

③　日本の安全保障戦略を損なうことなく、在沖縄米軍基地の大部分を県外に移転させることが理想ではある。実際、莫大な財政的負担を覚悟し、かつ敗戦時に占領軍が沖縄で行ったように県外の基地および訓練場に適した土地を強制収用すれば、理論上県外移転は可能である。しかし、当然のことながらそうした国策を受け入れる自治体は、まずないであろう。大部分の日本国民は沖縄の米軍基地の重要性を何となくではあれ、理解しているはずである。ただ、自分の近くに存在することは断固拒否するということである。こうした感性は、地域エゴといえばその通りであるが、それもまたひとつの現実である。

私は政治家ではありませんが、以上あげた要素を矛盾なく政治的に整合させ、ひとつの政策として収斂することが極めて困難であることぐらいは容易に想像できます。現在の日本では非現実的な仮定かもしれませんが、仮に沖縄県民の不満が沸点に達し暴動へと発展した場合、あるいは米軍基地の県外移転を移転先住民の反対を無視して強行し暴動が発生した場合、警察力あるいは武力を以てそれを鎮圧することは可能です。

しかし、日本において万が一にでもそのような事態が起きると、それに伴って生じる混乱は成田空港建設時の比ではないでしょう。国論は鋭く対立し、日本の安全保障戦略は根底から揺らぎ、その禍根は長く尾を引くはずです。また、当のアメリカからは統治能力を疑われ、日米同盟自体も不安定なものになるでしょう。

元自衛官として、軍事の専門家の端くれとして、在沖縄米軍基地の軍事的意義は確信をもって述べることができます。しかし、正直なところ、沖縄県民の不満を解消する術について確信をもって述べることはできません。できませんが、一人の国民として希望らしきものは持ち合わせています。

何よりもまず、政治家はもちろんのこと、日本の国民は、安全保障ないし軍事の本質について知ると同時に、沖縄県民の不満の本質についても他人事と思わず、同じ日本人として知ろうとすべきでしょう。

いずれにせよ、沖縄県民に対して「金はやるから黙っておれ」といった発想はやめるべきだと私は思います。そして、現在の安全保障体制の毀損を慎重に回避しながらも、米軍基地の存在から発生する沖縄県民のストレスを限りなくゼロに近づける。アメリカは反発するでしょうが、真摯かつ粘り強く日米地位協定の見直しを交渉する等、政治がやれることはまだまだあるはずです。この困難なテーマにどう向き合い、どう対処していくか。民主主義国家としての成熟度が問われるところです。

第一一章　集団的自衛権と集団安全保障

二〇一四年、新聞、テレビ、ネット、その他のマスコミに「集団的自衛権」という言葉があたかも流行語のごとく頻出しました。それまで一般の人々の中でこの言葉を知っている人がほとんどいなかったことを考えると、私などはある種の感慨を覚えます。それはともかく、日本の安全保障にとって、集団的自衛権は非常に重要な概念なのです。ですから、日本の軍事を考え続けてきた私には、集団的自衛権行使を可能とするように政治が変化してきたことは当然のことに思えます。

しかし、日本の防衛に関して、それ以上に重要なのは「集団安全保障」という概念です。「集団的自衛権」と「集団安全保障」、少々紛らわしい日本語ではありますが、この二つの概念は現代における日本と世界の平和（秩序）維持にとって、中心となる重要概念であると私は考えています。したがって、一般の人々にもぜひその本質を理解していただきたく、以下に述べることにします。

国際安全保障と日本の防衛

安全保障の話になると、とかくその前に「わが国の」とか「アジアの」とかいった枕詞が付いてきますが、集団安全保障でいう集団とは世界、つまり国際社会を指しています。そして、本書で私が使う「集団安全保障」という用語は「国際安全保障」のことであり、そこには「日本」も「日本周辺」も「アジア太平洋」も、さらには「中東」も「欧州」も含まれてきます。要するに、世界の安全保障です。

国際安全保障の目指すところは、いうまでもなく「世界の平和」です。「わが国の安全保障」が「世界の平和」に必ずしも結びつかないことは確かですが、反対に「世界の平和」は「わが国の平和と安全保障」に確実につながります。であるからこそ、私は「世界の平和」のために自衛隊も貢献すべきだと考えているわけです。

前にも述べましたが、「世界平和の維持」とはすなわち「世界秩序の維持」ということですが、ここでいう「秩序」とは現在の秩序のことです。ですから、現在の世界秩序ということは、現実にはアメリカ一極の秩序ということになるわけです。

裏を返せば、こうした状況に不満を持ちこれを変革しようという国や集団にとっては「世界平和の維持」は目標にならないということになります。リアルな軍事論ないしは世界認識において、この点はおさえておく必要があるでしょう。

さて、パワー・ポリティクスを語る国際政治学者たちは「世界平和を維持する手段としては、勢力均衡（パワーバランス）か覇権（ヘゲモニー）のいずれかしかない」と言います。そうした観点からすると、米ソ対立の時代は勢力均衡によって平和が保たれていたことになります。それでは、ソ連の崩壊後、ポスト冷戦時代が平和だとすれば、それは勢力均衡と覇権、どちらによるものでしょう。一時期は、「いまやアメリカ一極、すなわちパックス・アメリカーナと呼ぶべきアメリカの覇権による平和の時代」とする意見が大勢を占めていました。したがって、「もう勢力均衡（パワーバランス）などというものはない」という声もありました。

しかし現在では、新しいパワーバランスが存在することを否定する人はいないでしょう。かつてジョージ・ブッシュ大統領は「自由のためのパワーバランスをつくる」と演説の中で宣言していたぐらいです。といっても、この新しいパワーバランスは米ソ対立時代のものとは違います。どういうことかというと、『文明の衝突』で知られるサミュエル・ハンチントンが指摘したように、ポスト冷戦時代は一極ではなく、一極・多極混在時代となってしまったのです。

アメリカは、このポスト冷戦時代を生き抜くため、「世界的関与（グローバル・エンゲージメント）」という戦略を打ち出しました。この戦略の背景にあるのは、アメリカ中心のパワーバランスという思想です。

しかし、均衡の相手はいずれも、かつてのソ連のような強大な存在ではないけれども、何せ相手が多い上にそれぞれが自分勝手に押したり引いたり変化して不安定極まりないわけです。一方で、冷戦時代と異なり明確な敵といえる存在をなくしたアメリカでは、安全保障について国内の意見や力を結集することが難しくなってきています。実際、アメリカは冷戦時代に比べて三〇％以上の軍縮を実行しました。その結果、グローバル・エンゲージメントという言葉とは裏腹に、アメリカ中心のパワーバランスは意外にも不安定で、アルカイダやイスラム国などのように国家の形をとらない、従来の発想では捉えきれない勢力が出没して、地域や国家の安全を脅かす事態となっています。

現在のアメリカは、この不安定な勢力均衡を安定させ、さらに強化したいと考えているのでしょうが、こうした二一世紀型の脅威に対して国内をまとめることはできず、独自でそれを遂行する意志も力も持ち合わせていません。

ここへきて有志連合など国際的な軍事協力が増えてきていますが、アメリカがパワーバランスの強化へ友好国の協力、参加を求めるようになった背景には、こうした事情があるわけです。そして、アメリカが日本に対して集団的行動を求めたものとして、よく話題になる『アーミテージ・レポート』にしても、こうした世界のパワーバランスの変化という文脈の中で理解すべきなのです。

集団安全保障の解釈

集団安全保障という概念については、その解釈が意外にもはっきりと定まっているとはいえません。実に困ったことだと私は思っています。

実際、「集団安全保障などというものは極めて非現実的なアイデアに過ぎず、国連軍が現存しない今日、軍事的にはそもそも世界には存在しないものだ」という人もいるし、「国連が自ら主宰する行動、たとえば国連軍・PKOだけが集団安全保障のための軍事行動だといえる」という人もいます。しかし、私は一九二八年に生まれた不戦条約で禁止された侵略戦争、そして自衛（個別的自衛および集団的自衛）以外のすべての軍事行動は、集団安全保障に分類していいと考えています。実際、世界の現実もその方向へと向かっています。

NATOの関係者たちは「NATOは集団的自衛権行使を根拠とする同盟だが、今後は集団的防衛と集団安全保障の二路線を歩むことになるだろう」と発言し、ボスニアやコソボなど旧ユーゴスラビアの内戦では多国籍軍を編成し、集団安全保障措置に踏み切りました。また、日本と同じく敗戦国であり海外派兵を厳しく制限していたドイツも集団安全保障のために多国籍軍に参加しています。

集団的自衛（コレクティブ・セルフディフェンス）と集団安全保障（コレクティブ・セキュリティ）は言葉として非常に似通っているので、アメリカでも日本でも混同して用いられ、誤解を招くことが多いのは事実です。『アーミテージ・レポート』の執筆者のひとりであるカート・キャンベル氏は「日本で一〇人に集団的自衛権の定義を聞くと、一〇通りの答えが返ってくる」と皮肉を言っていましたが、その本人が考える集団的自衛権も『アーミテージ・レポート』や彼自身の論文『米日安保パートナーシップを活性化する』を読む限りではっきりせず、よく理解できません。

私の知るアメリカの軍人たちは、通常「集団的自衛」ではなく「集団的防衛」、または「共同防衛」という言葉をよく使います。そして集団安全保障という言葉の中に、国連関係のことだけでなく、本来は集団的自衛であるNATO条約や日米安保条約を重ねてきます。どうも彼らにとって、集団的自衛というのは集団安全保障のための一つの手段と考えているように見受けられます。

一方、日本では集団安全保障という言葉はあまり使われず、何でもかんでも集団的自衛権です。安倍政権の議論をみていても、集団的自衛権さえ行使できればPKOにもPMO（ピース・メイキング・オペレーション）にも諸外国並みに参加が可能になるし、有志連合などの多国籍軍にも参加できるようになると考えている人すらいるようです。

このように、日米ともに言葉の使い方が混乱しているのですが、両者の間には認識の違いがあります。アメリカの場合は「集団安全保障の中に集団的自衛権を手段として含む」という混同であり、日本の場合は「集団的自衛権がすなわち集団安全保障である」という混同です。こうした認識のすれ違いが現実の行動として表現された時、意外にも日米間の摩擦要因になることもあるのではないかと私は危惧しています。

自衛とは何か

では、いま一度「自衛とは何か」ということを明確にしておきましょう。

その昔、人間社会は自力救済（自助）によって存立していました。自分の身は自分で守る。自分に対する理不尽な侵害、たとえば窃盗や暴行に対しては、被害者が自らの手で防御し、原状回復（奪還、報復）をすることが当然のこととされていました。相手が強ければ原状回復はできず、弱い者は泣き寝入りすることになります。逆に相手を傷つけたり、殺したりするようなことになると、今度は両者の間で際限のない報復合戦が始まることになります。このような社会に秩序はなく、安心して生活することはできません。そこで、公的な秩序維持機構（警察・裁判所等）を設けて不法行為の防止・処罰を任せることにし、自力救済は禁止されることになりました。しかし、時として不法な侵害を受けても、すぐには法の保護を受けられない場合もあります。身に危険が迫ってきているのに、周りに警察官はいないし、すぐに来てもらうこともできない。そんな場合に初めて法治国家における自力救済、つまり正当防衛が認められるのです。

自分という存在は何よりも大切であるからして、自分を守るための自衛手段に制限はないと誤解している向きが多いようですが、それは間違いです。正当防衛とは、あくまで「急迫不正の侵害に対して、止むを得ず取った行為」であり、その行為は「必要な限度内のもの」でなければなりません。つまり、反撃行為には侵害に対する防衛手段として相当性・均衡性があることが必要なのです。その限度を超えたものは過剰防衛として、正当防衛（自衛）ではなく犯罪となります。

国際法上の「自衛権」は、一八三七年に米英両国間で紛争となったキャロライン号事件以降に確立されたといわれています。この時、両国によって認められた「自衛の三要件」、すなわち、①急迫不正の侵害があること（急迫性、違法性）、②他にこれを排除して国を防衛する手段がないこと（必要性）、③必要な限度に止めること（相当性、均衡性）、が現在もその基礎として活きているのです。

日本では③の「必要な限度」という言葉をあえて「必要最小限度」という言葉に代えたため国民の誤解を招いている向きがあります。かつて岸内閣の時、「日本が核兵器を持つことは憲法違反か」という質問に対して、政府は「法律上は違憲ではないが政策上核兵器は持たない」と回答したのですが、この回答を不満とする国民が今なお多数います。この回答は「敵が核兵器で攻撃してきたなら、その相当性、均衡性の範囲内で反撃することは許される」という意味で「自衛の要件」を満たしているということなのです。

第一次世界大戦までのように実力に大きな差のない多くの国家が覇権を競い合っていた時代には、国家は国益の確保、国権の伸長など、その国家目的を達成するために戦争に訴えることが一般的に認められていました。そして、こうした仕掛けられた戦争への対抗手段として、自力救済の原則が支配していました。共通の法やルールのない世界で、自分の身は自分で守ることは当然だったのです。

しかし、第一章でも述べたように、総力戦は各国の国民に大きな惨禍をもたらします。機関銃、毒ガス、戦車、戦闘機が使われ、わずか数日の戦闘で数十万人の死傷者を出すこともあった第一次世界大戦は、各国に衝撃を与えました。この大戦の後、国際紛争の平和的解決と戦争防止を主目的とした平和維持機構、国際連盟が創設されます。連盟づくりを主導したのはアメリカのウィルソン大統領でしたが、上院の反対のためにアメリカは加盟することができなかったことから、連盟は中途半端なものとなりました。こうした中で、国際平和の理念を具体化したのが、一九二八年にパリで締結された不戦条約です。加盟国は国際紛争解決の手段としての戦争を非とし、「国家政策の手段としての戦争」を放棄することで合意しました。アメリカ、イギリス、フランスだけでなく、日本もドイツもイタリアも、この条約に署名しています。しかし、この合意では、条約に違反した国に対する制裁機構は設置されず、違反を是正する効果的な措置をとる仕組みを欠いていました。

第二次世界大戦末、国際連合はこうした過去に対する反省の上に立って新たな国際的な平和維持機構として設立されました。加盟国に国際紛争の平和的解決を義務付けるとともに、安全保障理事会に平和維持のための強制力を行使する権限を与えたのです。

大東亜戦争は「自衛」だったのか

しかし、一般社会と同様に国際社会においても自力救済がすべて禁止されたわけではありません。加盟国に対する武力攻撃が発生した場合、安全保障理事会が必要な措置をとるまでの間、加盟国は自衛権を行使できることになっています。これは、刑法で侵害が急迫不正であり、法の保護を求める暇がないときに正当防衛が認められていることと同じ法理です。そして、国連加盟国は攻撃を受けた場合、直ちに安全保障理事会に報告しなければならず、安保理がその事態に対して必要な措置をとった後は、直ちに自衛行動を中止しなければなりません。

たとえば、日本周辺でアメリカが自衛戦闘をしていて、集団的自衛権の行使を認められた自衛隊がこれを支援して戦うことになった際、国連が何がしかの決議をして国連軍あるいは多国籍軍が出動することになった場合は、日・米両軍は直ちに自衛戦闘を中止して国連軍・多国籍軍の一部としての戦闘に入ることになります。つまり、日米の集団的自衛から国連の集団安全保障に切り替わるわけです。

「自衛」についてもう少し考えてみましょう。大東亜戦争（太平洋戦争）において、日本は「自存・自衛のための戦争」という言葉を使いました。しかし、「自衛」とは前述したように「相手からの急迫不正な攻撃への対応」でなければなりません。もちろん「攻撃の恐れ」までをも含むのかどうかについては議論のあるところですが、少なくとも真珠湾攻撃は国際法からみれば「自衛戦争」とはいえません。仮にアメリカに対する宣戦布告の通知が間に合っていたとしてもです。

一九五二年に、マッカーサー元帥がアメリカで「日本がこの戦争を始めたのは日本の自衛のためだった」と言ったという話をよく耳にしますが、あれは「安全保障のため」と訳すのが正しく「自衛のため」というのは明らかな誤訳なのです。

軍事的に攻撃されてはいないが、アメリカ側からハル・ノートが突きつけられた以上、もはや日本としては経済的に生きていけない。したがって、これは自存（自己保存）のための戦争だったのだとする主張には一理あります。しかし、自己保存権というのは不戦条約では認められていないというのが国際法上の定説です。アメリカが不戦条約について「自衛戦争はこれを除く」という留保を付け各国に認められたわけですが、それは自存のための戦争は認めていないという意味でもあるのです。

自存と自衛の範囲の違いについて考えるとき、「他に食べ物がない場合、自らが生きるために無抵抗の赤ん坊を殺して食べてもいいのか」という例が持ち出されることがあります。日本人の中には自存権と自衛権は同じもの、あるいは自衛権は自存権の一部だという誤解があるようです。

自衛権というのは、集団安全保障システムの中での特例として認められた、特別に許される自力救済手段だということを認識しておく必要があります。

また、自衛権とは一定の条件の下で「自衛の権利を行使しても許される」という「権利」です。権利ですから、行使するかどうかは自由です。自分だけで守れるのならば、個別的自衛でいいし、アメリカと共同で守る方がより効果的、効率的で、国益に資すると考えるならば、集団的自衛となります。

一方、集団安全保障は「世界秩序（平和）を維持する」ことを目的としています。もちろん行動の結果として特定の国を救うこともあり得ますが、目的はあくまで国際社会全体のため、つまり世界のグローバル・コモンズ（共通益）のためのものです。国内の秩序維持機構がその機能を発揮すること、すなわち公に尽くすことと同様に、集団安全保障への参加は、国際社会に生きる各国の「義務」といえます。『アーミテージ・レポート』が「日本も常任理事国入りは集団安全保障に関わる明白な義務を伴うことを理解しなければならない」といっているのも、その意味です。集団安全保障は「義務」の法理でできていることを忘れてはなりません。

現在の集団安全保障の主役は有志連合

国際社会の秩序維持機構は国連です。本来は、国連が憲章に定める国連軍を確立し、常任理事国が一致して、集団安全保障の役割を果たすというのが理想なのですが、実態はご存知の通りです。ロシア、中国は拒否権を持っていますから、時として安全保障理事会は拒否権の壁の前に、何も決めることができないといったことも起こります。そこで最近は国連決議を待たずに、有志連合が結成されることも増えています。

このような現状を、我々はどう考えるべきでしょうか。

以前、こんな話を聞いたことがあります。

昔、スコットランドヤード（ロンドン警視庁）もまだなかった頃、イギリスの治安維持機構も整ってなかった時代の話ですが、村で犯罪が発生すると、村人が全員で犯人を追跡して捕まえたといいます。こうしたことはイギリスに限らず、昔はどこにでもありそうな話ですが、イギリスの場合ちょっと違うのは、村人が犯人を追い捕まえること、そしてそのために資産に応じ常に武器を所持することが各村民に義務付けられていたことです。義務違反には厳しい罰則もあったそうです。

これを英米法で「プリベンション・オヴ・クライム（犯罪の防止）」というのですが、ここに現代の多国籍軍の淵源があるという説があります。社会（村）の平和と秩序の維持という共通の目的のために参加することは、構成員全員の義務だというわけです。本来は、秩序維持機構（国連）がすべて担うべきなのでしょうが、それが現状ではできないのであれば、その役割を皆で担おうというのは合理的かつ筋の通った考え方ではないかと私には思えます。

防衛の在り方を考えるとき、個別的自衛は自分の家に鍵をかけ木刀を準備すること。集団的自衛は二世帯住宅における防衛準備。集団的安全保障は町民みんなで行う夜警。国連安保理事会は実力組織を持たない極めて非力な公安委員会と例えれば、わかりやすいかもしれません。

翻って、現在の日本の状況を喩え話にすると、こんな具合になるでしょうか。

自分は二世帯住宅の二階に住んでいて、下には力の強い兄貴一家（アメリカ）が住んでいる。二階にも外からの入り口があるので、一応自分の玄関には鍵をかけている（個別的自衛）。もし、その鍵を壊して強盗が入ってきたら、下にいる兄貴が木刀を持って助けに来てくれることになっている（集団的自衛）が、一階の兄貴のところに強盗が入ってきても、自分は弱いから助けに行くこと（日本側からの集団的自衛）はしない。

その兄貴は町の有力者で、町の安全のために町内の人たちを説得して、みんなで夜回り（集団安全保障）をしようとしているのだが、自分は「二階の我が家には鍵をかけてあるし兄貴も強いので、うちに強盗が入ることはなさそうだ。それに夜出歩くこともないので夜の町の警備は関係ないし、それに危険そうだから参加しない。でも、オカネはあるので、夜回りの皆さんの夜食代は出してもいい」と言っている。現在の日本を考えると、そんな姿が浮かんできます。兄貴が元気でかばってくれているうちはいいですが、これではそのうち村八分になるのではないかと思えてきます。

なお、この町内におけるもう一つの問題は、非力な公安委員会（国連安保理）と有力者の兄貴（アメリカ）の意見がなかなか合わないことです。兄貴としては、できるだけ公安委員会のお墨付きをもらって行動したいわけですが、委員会には少数ながら兄貴を妬む者がいて、全会一致でないとお墨付きは出せないと言います。そこで町内で問題が起きた場合には、委員会の許可を得ないまま、有志で安全を確保する場合も出てきます。

現在の世界を町に置き換えてみると、そうした感じでしょうか。弟（日本）は、この有志に参加すべきかどうか、ようやく家族の話し合いが始まったところだといってもいいかもしれません。

日本と世界の安全保障

これまで述べてきたように、世界の平和維持は事実上アメリカを中心に進められてきました。

現在そのアメリカが、日本を含む諸外国に一層の協力を求めています。

第二次世界大戦が終わる頃、アメリカとしては集団安全保障に基づく協力を得て、アメリカを中心とした世界秩序を構築することを考えていたのでしょうが、それが十分に行うことできなかったので、止むを得ず集団安全保障を補うものとして集団的自衛をも活用しているというのが現状でしょう。その意味で、アメリカからみれば集団的自衛は集団安全保障の一部に過ぎないのかもしれません。もともと国連憲章五一条の集団的自衛権は憲章制定時にアメリカ大陸諸国の特殊事情からアメリカ自身が提案したものであり、「集団安全保障を補足する手段」として定めたものです。

9・11のテロ以来、状況は多少変化しましたが、それでもアメリカにとって常に海外に基地を確保して自国を自衛しなければならないという必要性はほとんどないといっていいでしょう。また、特定の他国を集団的自衛によって、自国民と同じように命がけで守らなければならない必要性もないに違いありません。集団的自衛はアメリカからみれば、国防の最重要手段とはなり得ないのです。

当然のことなのですが、アメリカはアメリカと日本のことだけを考えて日米安全保障条約を結んでいるわけではありません。本当のところは互いの自衛のためなどではなく、あくまでもアメリカにとって有利なアジア太平洋地域の秩序をつくり維持することを目的に、アメリカ本位の世界平和構築のための一手段として条約を締結しているのです。だからこそ、「日米相互自衛条約」

ではなく、「日米安全保障条約」という名前が付けられているのかもしれません。

　こういうと、日本はただアメリカに従属していればいいというように聞こえるかもしれませんが、それは違います。戦後の平和は、日本にとって極めて都合のいいものでした。現に戦後の驚異的な復興と経済成長の基盤は、この平和にありました。ですから、日本も独立国として、アメリカを中心に諸外国とともに平和を推進していかなければならないのです。

　この観点に立てば、集団的自衛権に関する憲法解釈の変更は当然といえます。しかし、日米安保条約を「日本側の集団的自衛権行使ができるように」改め、日米関係を一層緊密なものにしていくことはもちろん重要ですが、それだけでは不十分でしょう。

　日本は、アメリカや友好国が世界平和を維持しようとしている、その同じ土俵に立って積極的に活動し、直接的に寄与しなければならない時期に来ています。アメリカは「負担の分担を力の分担に発展させ、互いに戦略を語ろうではないか」と戦略対話を求めていますが、これに対して日本が日本領土や日本周辺の自衛だけを問題にしていたのでは、戦略対話にはならないでしょう。ひいては在日アメリカ軍基地問題などについても本質的な交渉はできません。在日アメリカ軍基地は日本を守るためではなく、アジア太平洋の平和のために配置されているのです。その視点を持たずに、日本だけの視点で主張していても、話はすれ違ってしまいます。沖縄の海兵隊基地は、朝鮮半島問題を抜きにして論じることはできないのです。

集団的自衛権の限界

集団的自衛権の行使を主張する人々の中には、この問題さえ解決すれば日本は世界の平和に貢献できることになると誤解している人がいるように見受けられます。そうした人々に水をかけるつもりはないのですが、自衛隊が集団的自衛権を行使してアメリカ軍に寄与し得る機会は、それほどないだろうといわざるを得ません。もともとアメリカは、自衛のことをほとんど考えなくてもよい国であり、アメリカ軍が自衛戦闘をする場面は初めから限られているのです

それでは、現実にアメリカ軍が自衛隊に本当に協力してもらいたいと考えているものは何でしょうか。おそらくそれは、PKO、PMO、多国籍軍（有志連合）が必要とされる場面での協力だと思われます。『アーミテージ・レポート』では、さすがに多国籍軍という言葉はないもののPKO、PMOについては繰り返し述べています。そしてPKOという言葉には、多国籍軍のことではないかと思わせるところがあります。

近年、アメリカ軍は多国間訓練・多国間会議を積極的に行う中で、自衛隊にも参加を求めてきています。自衛隊は多国間訓練を効率的な軍事技術の交換・相互修練の場と捉え、特に人道目的などを強調しつつ対応するようになっています。二〇〇五年から自衛隊が参加した「コブラ・ゴールド」はアメリカ、タイ、シンガポール、インドネシア、韓国などとの共同訓練ですが、当時これらは「戦争以外の軍事行動（MOOTW）」とも呼ばれました。それは国際平和協力活動などの統合運用能力向上を目指したものですが、アメリカが二国間訓練よりも多国間訓練を重視

していることは、多国籍軍による行動を真剣に考えている、あるいは有事にはいつでも多国籍軍を組める態勢をつくり抑止力としている、ということに違いありません。「コブラ・ゴールド」もそうですが、こうした分野の活動は訓練も含め、まさに集団安全保障に関わるものであり、自衛とは直接関係のないものです。

日本人は自宅を塀で囲い、その内側の自分の庭だけを愛でる傾向があるといわれます。塀の外については見ようともせず、自分の庭や玄関の掃除はしても、道路や公園の清掃は他人任せにすることが多いようです。内と外を分け、内には気を配るが外には無関心。こうした国民性が、自分の国さえ平和であればいいという一国平和主義の大本なのかもしれません。しかし、こうした内向きの姿勢は、一歩間違うと自国だけの論理で核武装にまで走る過剰な一国防衛主義へと暴走するのではないかという危惧を、他国に持たせることにもなりかねません。つまるところ、このような一国主義は現在の厳しい国際社会の中では通用しないのです。

国の平和と独立を保つ上での当然の権利として、個別的自衛権はもちろん、集団的自衛権も大切です。しかし、それだけでは国際的な責任を自覚しない一国主義の自己中心主義的な国とみなされてしまいます。塀の外の美化に積極的に協力し、国際社会の景色と空気をきれいにして、その風景の中に溶け込んだ自分の庭をつくることが求められているのです。そして、それが世界市民としての義務でもあります。

軍事協力というと、とかくアメリカだけを中心に考えがちです。集団的自衛権論争にしても、賛成派、反対派を問わず、その視界にあるのはアメリカだけになりがちです。ある人たちは、アメリカの軍事行動に協力することで日米同盟を米英の大西洋同盟を超える位置にまで高めることができると考えているようですが、歴史的な文脈を考えれば、アメリカ軍の先駆けとしていくら奮闘したところで、アメリカとの関係の中で日本がイギリスの地位まで格上げされることはないでしょう。また、そうした議論以前に、ここまで述べてきたようにアメリカが求めていることは集団的自衛権の行使なのか、という問題があるのです。

一方、反対派の人たちは、アメリカに従属し戦争に巻き込まれると主張しますが、それもまた極論といわざるを得ません。

いま重要なのは、軍事協力は日米間だけでなく諸外国、国連も含めて、日本が自分自身で求めていかなければならないということです。日本の国内事情だけで考えるのではなく、集団安全保障の理念を基本に日本は進んでいかなければならないのです。

そして集団安全保障の理想は国連が中心になることですが、理想的集団安保がいまだ実現されていない現状では、アメリカを中心とした多国籍軍、有志連合という現実的集団安保の形にならざるを得ないということも忘れてはならないでしょう。

集団的自衛権行使と集団安全保障措置の相違点

ここまで、集団的自衛権および集団安全保障という軍事概念について、いろいろな角度から述べてきました。繰り返すようですが、この二つの概念は現代の軍事、とりわけ日本の軍事にとって非常に重要なテーマとなっています。しかし、昨年来頻繁にメディアでとりあげられているにも関わらず、いまだにその意味が一般の人々には正しく理解されていないように思われます。

そこで、くどいようですが、この二つの用語についていま少し詳しく述べておきたいと思います。

まず、次ページの表をみてください。表は上の大きな表と下の小さな表に分かれていますが、上の**表1**は原則的なルールを説明するものです。何を何からどんな手段で守るかということが歴史の流れに沿って書かれてあります。

左側の縦の列は個人を統制する刑法に関わるものです。「何を守るか」の項については、さらにいろいろな意見も出てきそうですが、まあ、こんなところでまとめることとします。特定脅威か不特定脅威かという点については、時代によって変遷があります。一般に、交通手段が発達していなかった時代には「隣の親父」といった特定脅威が主体でしたが、現代ではまったく知らない赤の他人、つまり不特定脅威に襲われる機会が増えてきました。

右の国家と書いた縦の列は、現在の国際関係（国際法）に関わるものです。内容的には刑法に関わるものと同様の流れで変化していますが、その進化は遅れていて「各国内刑法に比し国際法は明らかに未成熟である」といえるでしょう。

なお、自力救済とは、下段に書いてあるように「司法手続きによらず自らの力によって自己の

表１　防衛の対象と手段

<table>
<tr><th></th><th>個人</th><th>国家</th></tr>
<tr><td>守るべきもの</td><td>生命・財産、自由・独立、
生活様式・文化、名誉、等</td><td>生命・財産（領土）、自主・
独立、文化、名誉、等</td></tr>
<tr><td>何から
（脅威は？）</td><td>他人または組織による
特定脅威・不特定脅威</td><td>他国または組織による
特定脅威・不特定脅威</td></tr>
<tr><td rowspan="2">昔の手段</td><td>自力救済
（復讐・決闘等）</td><td>自力救済
（報復・決戦等）</td></tr>
<tr><td rowspan="2">話し合い
（金銭取引を含む）</td><td rowspan="2">外交
（話し合い）</td></tr>
<tr><td rowspan="2">現代の
原則的手段</td></tr>
<tr><td>法律と制裁
（秩序維持機構）</td><td>国際法と国連軍
（集団安全保障）</td></tr>
</table>

表２　原則通りいかない場合の手段（治安維持機構が機能しない場合）

<table>
<tr><th></th><th colspan="2">個人</th><th colspan="2">国家</th></tr>
<tr><td>自己・自国
について</td><td colspan="2">正当防衛
（自衛）</td><td>正当防衛
（個別的自衛）</td><td rowspan="2">自
衛</td></tr>
<tr><td rowspan="2">他人・他国
について</td><td rowspan="2">緊急救助
（現行犯逮捕）</td><td>妻子等自衛</td><td>同盟
（集団的自衛）</td></tr>
<tr><td>犯罪の防止</td><td colspan="2">多国籍軍・PKO・
有志連合軍
（集団安全保障）</td></tr>
<tr><td></td><td>日・独　等</td><td>英・米　等</td><td colspan="2"></td></tr>
</table>

自力救済：一般に、司法手続きによらずに自らの力によって自己の権利を確保することをいう

正当防衛：英語では正当防衛のことを self defense（自衛）という

権利を確保すること」を意味します。基本的には法律（国際法）が不十分であった時代に慣習として認められていた昔の手段だと理解してください。

次に、下の**表2**に移ります。何ごとも原則通りに収まればいいのですが、そうはいかない場合の手段がここに書いてあります。

左の個人のところでいえば、国内の秩序維持機構が機能しない場合、すなわち「お巡りさーん！」と呼んでも警察官や公安官がきてくれない場合にどうするのか、ということが書いてあるわけです。その場合、自分が殴られたら過剰防衛にならない範囲で自ら殴り返してもいいとするルールを正当防衛（自衛）といいます。そしてこの正当防衛は先に述べた自力救済の範疇に入ります。つまり、司法手続きがとれない場合には正当防衛という自力救済が現在でも認められているということです。ただし、これはあくまでも「正当防衛をしても許される」という権利の話であることを忘れてはなりません。

次は、他人が殴られた時にどうするかという欄ですが、最下段に表示したように、日・独といった大陸法適用の国と英米法適用の国で異なるところがこの表の特徴となっています。

たとえば、電車の中で暴漢に襲われた時を考えてみましょう。

① そこに警察官か公安官がいるならばすべて彼らにその処置を任せなければならない。電車の中に公の秩序維持機構が存在しているのだから、上段左下の原則的手段適用となる。

② 自分が襲われ、警官等を呼んでも来ない時には自分が反撃しても許される。これが正当防衛である。

③ 他人が襲われている時、大陸法では他者救助（または緊急援助）ができるようになっているが、これは他人に代わって殴ってもいいということではなく、常人逮捕（現行犯逮捕）といって、一般人が警官（保安官）に代わってその犯人を逮捕することが許されているということである。

英米法は、この③のケースにおいて大陸法と異なります。イギリスでは、自分以外の人間を「妻子等身近な人」と「見知らぬ他人」とに分類し、「妻子等（執事等をも含む）」は本人と一心同体であるから、それらが襲われた時には本人が殴りかえしてもいいというように認められています。これをイギリスでは「妻子等の自衛」といいます。

一方、「妻子等以外の見知らぬ他人」が襲われていた場合、同じ電車に乗っていた全員が立ち上がってその暴漢を懲らしめなければならないということになっています。これは「犯罪の防止」といって、前に述べたような、昔々のイギリスで村を守るため村人が各家に武器を持ち、その村の一部でも襲われた時には村民すべてが立ち上がりその暴漢を追いかけることが義務付けられていた、という旧い慣習法を受けてできたものだということです。

そして、この英米法に基づく「他人が襲われた時への対応」が右の国際法にそっくり移されたということです。

すなわち、自国（自分）が襲われた時、自国（自分）が自力救済たる正当防衛で反撃してもよいという点は刑法も国際法も同じであり、これを「正当防衛」というのですが、後に「集団的自衛」が認められるようになってからは国際法上これを「個別的自衛」というようになりました。

次に、妻子等のように一心同体のもの（国際法的には同盟条約を持つもの、あるいは被害国からの要請があるもの）については、その妻子等（近しい国）を守るという目的の下に自衛が許されるようになりました。これが、現在議論されているところの「集団的自衛権行使」となるわけです。

最後に、「犯罪の防止」という英国慣習法が、国際秩序維持に使われる部分をみてみましょう。

現代の原則的手段として、**表1**右下の「国際法と国連軍」が機能していれば問題はないのですが、現実には国連軍を用いた集団安全保障（秩序維持）は機能していません。

そこで、国連は様々なことを考え、現実的な対応として多国籍軍やＰＫＯや有志連合軍を創造しました。これらの手段はいずれも国連憲章に明記されていないものばかりであり、国連参加各国と国連事務局のスタッフがこれを創りあげたということになります。

したがって、これらは国連憲章に基づく正規の集団安全保障手段とはいえず、イギリスの「犯罪の防止」という旧い慣習法を受けた、国際慣習法ともいうべきものなのです。

英米法は、判例を重視する法律です。重要なのは法の目的精神であり、その判断は成文に拘らず、法の目的と過去の実例に準拠して決められる、という考えに拠っています。したがって、どちらかというとネガティヴ・リストのルールが多く、「極めて柔軟」といえる反面、「実に曖昧な」法律ともいえます。

一方、大陸法では成文法を重要視するので、ポジティヴ・リストのルールが多く、「極めて厳格」といえる反面、「硬直的で実際的でない」法律ともいえます。日本の官僚達に「不作為」が多いのは、彼らが明治以来大陸法で育てられたからではないでしょうか。

ともあれ、その良し悪しは別として、①国連憲章、②日本国憲法、③日米安全保障条約、はいずれも英米法で書かれています。それを大陸法に縛られた日本の官僚達が解釈してきたところに、現代日本の防衛問題があることを私たちはよく認識すべきでしょう。

ここで、国際法が成文通りに運営されていない例を三つほどあげておきましょう。

① 先に述べた「妻子等の自衛」という言葉について、オーストリア育ちながら五九歳の時にアメリカに移った国際法学者ハンス・ケルゼンは、「妻子といえども自分ではないのだからそれを自衛というのはおかしい」といってこの集団的自衛という言葉を批判した。この批判を受けたためか、北大西洋条約（NATO条約）では、第5条に行動根拠としての「国連憲章第51条の集団的自衛権」という言葉はあるものの、その行動としては「集団的自衛」とい

う言葉を用いず、「集団的防衛」とか「共同防衛」という言葉を使っている。

② 国連憲章第8章には地域的取決について記述してある。その本旨は国連の集団安全保障を地域的機構が代替してやってほしいということであるが、これはあくまでも「話し合い」レベルのことであって、その機構がとる強制行動については国連安保理事会の事前の許可がなければならないこととなっていた。この場合、常任理事国の拒否権発動により必要な強制行動をとれなくなると心配したラテン・アメリカ諸国の主張により、一九四五年のサンフランシスコ会議において急遽第51条の集団的自衛権が憲章に挿入された。そして、NATO等、本来国連の地域的機構であったものがこの集団的自衛権を根拠として機能してきたが、現在のNATOはむしろ集団安全保障任務を多く遂行している。

③ 集団的自衛権とは何か、という説明は国連憲章にはない。そのため、ハンガリー動乱やチェコ動乱へのソ連の介入、ベトナム戦争、ニカラグア・コントラ戦争へのアメリカの介入等、集団的自衛権発動による戦争の度に、その正当性が問われてきた。その結果、国際司法裁判所が「攻撃を受けた国が第三国に援助要請をすることが必要」という要件を提示した。これはどうやら定着してきたようだが、現実にはさらにいろいろな問題が残っており、集団的自衛権行使の典型的事例を提示することは困難である。今後とも英米法らしく多くの実例・体験を重ねつつ進化していくことになると思われる。ちなみに、これまで現実に行われたことを安保理事会が「憲章違反であった」と決議した事例は一例もない。

ともあれ、英米法を基本とした国連憲章は、今後とも現実に即して解釈され、対応していくことになると思われます。したがって、安全保障についてリアルに考えるならば、日本国憲法も日米安保条約も、柔軟に解釈していくべきだろうと私は考えています。

さて、これまでの説明をまとめると次のようになります。

① 集団的自衛は「その権利を行使しても許される」という「権利の法理」に立ち、その目的は「特定他国を守ること」にあり、英法の「妻子等の自衛」に起源を持つ。無論その権利は行使しなくてもよい。

② 集団安全保障は「感謝（奉仕）の意をこめて参加すべきもの」とする「義務の法理」に立ち、その目的は「国際社会の平和（秩序）を守ること」にある。英法の「犯罪の防止」に起源を持ち、不参加への罰則はないが不参加は恥ずべきものとされる。

なお、この二つを区分する際に大事なことは「権利か義務か」「特定国防衛か国際秩序（平和）維持か」ということであって、決して「安保理決議の有無」ではない、ということです。

集団的自衛権行使から集団安全保障へ

日本人の多くは、これまで「個別的自衛権」、「集団的自衛権行使」、「集団安全保障措置」等の言葉をよく理解しないまま防衛問題について議論してきました。しかし、これからは共通認識が可能な正しい言葉で話し合うことが何よりも重要です。

日本語、ドイツ語、ロシア語では、「正当防衛」（国内法上の用語）と「自衛」（国際法上の用語）を別の言葉で表現しますが、英米語では「self defense」の一語で両者の意味を表します。たとえば、二〇一四年一〇月に発表された日米防衛協力指針（ガイドライン）中間報告中の日米協力例の一つ「訓練中の米艦艇が攻撃された場合の装備品等防護」は確かに「self defense」ですが、これは日米艦隊を一体のものと見なした場合の「正当防衛」のことであって、日本語でいう「集団的自衛権行使」のことではありません。

アメリカ海軍ではこれを「unit self defense」といい、一～二年ほど前から話題に上がっていたものですが、「これはどういう意味か」と聞いたら米語に詳しいある人が「あれは正当防衛のことですよ」と教えてくれました。海上自衛隊も最近はこれを真似ていて、隊法第９５条の「武器等防護のための武器使用」を適用し、（通常は指揮関係のない部隊を含む）訓練参加部隊すべてを一体のものと見なし、その中のいずれかの艦艇なり装備が被害を受けた場合には「正当防衛に当たる範囲において」相手に反撃し危害を与えてもいいとされているようです。まさにグレーゾーンにおける武力行使そのものです。

この例が何故「自衛」でなく「正当防衛」なのかについては聞き及んでいませんが、どうやら自衛の目的には「財産の防護」という項目はないのに、正当防衛の目的にはそれがあるためのようです。それにしても、この例が今や国際慣習法になっているという点についてはなお疑義が残るのですが。

ところで、アメリカに対する日本の「集団的自衛権行使」とは、アメリカがその国家主権を守るのに単独では対応できず、公式に日本政府に援助を要請し、これに応えて首相が自衛隊に出動命令（防衛行動命令）を与え、その命令に従って自衛隊が行動することを意味しています。

装備品等も国家主権の一部には違いないでしょうが、アメリカの装備品を守るために首相が出動命令を発出するはずもありません。またこれは、典型的なグレーゾーンの問題なので、集団的自衛権に基づく首相の防衛出動命令を待つ余裕もないことなのです。

二〇〇六年の「安全保障の法的基盤の再構築に関する懇談会」における研究四事例は、すべて集団的自衛権行使に関わるものとされていました。しかし、二〇一四年五月の最終報告書には、それとは別に①「グレーゾーンにおける武力行使」と②「集団安全保障措置での武力行使」に関わる事例が付け加えられました。

「グレーゾーンにおける武力行使」とは、明確に有事（戦争）とはいえない状態（すなわち防衛出動下令前）における奇襲対処の話です。これは一九七八年に当時の栗栖弘臣統合幕僚会議議長が「防衛出動下令前に奇襲を受けたとき、自衛隊は超法規的行動を取らざるを得ない」と発言し事実上の免職となって以来、放置されてきた問題です。

「集団安全保障措置における武力行使」とは、国連により承認された多国籍軍やPKO等に参加して武力行使をするということであり、これまでの内閣法制局の解釈では集団的自衛権行使が認められない以上、これもまた認められないとされてきたものです。

私はかねてより「集団的自衛権行使よりも集団安全保障措置への参加を優先すべし」と主張してきました。しかし当時、日本では集団的自衛と集団安全保障の違いを理解する人はほとんどいませんでした。

それから時は流れ、二〇一四年五月の安保防衛法制懇報告には「国連PKO等や集団的安全保障措置への参加といった国際法上合法的な活動への憲法上の制約はないと解すべきである」という文言が明記されました。私はこの文言に感動を覚えたものです。

しかし、この報告に対し安倍首相は「集団安全保障の場における武力行使は決してない」と大いに後退した発言をしました。私個人としては期待外れのものでしたが、国民の空気を読む政治家の判断としては当然のことであったのかもしれません。

こんなことをいうと、左翼の皆さんから「お前は右翼か」といわれそうですが、事は右翼とか左翼とかの問題ではないのです。日本および世界の平和維持（安全保障）、併せて人間というものの本質についてリアルかつ真面目に考えたとき、必然として導かれる軍事論的帰結だと私は確信しています。なぜそうなのかについては、本書の冒頭からここまで述べてきたことで理解していただけるのではないかと思います。まあ、「軍事を評価すること自体が右翼なのだ」といわれれば「そうですか」という他ないのですが。

ちなみに、集団安全保障と集団的安全保障はもともとcollective securityの訳語であり、同じ意味です。日本では一九八〇年代までは集団的安全保障といっていたのですが、九〇年代からいつの間にか「的」を外して集団安全保障というようになりました。

重ねて述べますが、アメリカ軍は一般に自国および特定の他国を守るための自衛行動を必要とせず、地域または世界の平和（秩序）を維持するために多国籍軍や有志連合軍を構成し、その中核として戦闘する（またはその戦闘を準備して対抗するものを抑止する）のが通常です。であるならば、日本はアメリカを中核とする諸国連合とともに集団安全保障の枠内で多国間訓練を実施し、環太平洋合同演習（リムパック）で既に実施しているように、豪・印・韓・東南アジア諸国、さらには中国をも招いて、世界の平和（秩序）維持に貢献すべきなのです。

ホルムズ海峡の機雷掃海についても「アメリカ軍と自衛隊だけで対応する」などと非常識なことをいわず、湾岸諸国や中国を含む多くの石油（ガス）輸出・消費国、さらにはイランをも招いて多国間訓練を実施し、機雷敷設を抑止することが大事です。それでも実際に機雷が敷設されたならば、数カ国軍が協力して機雷を排除しなければなりません。通常、障害物にはその排除作業を妨害する火力が多種多量に準備されています。その指向火力を無効化し、情報・兵站力を幅広く確保しつつ安全に掃海する仕事は一～二国の力では難しいからです。

また、集団的自衛権を発動するには被侵略国からの要請が必要ですが、海峡に主権を持つイランとオマーンが共に要請を出すことは通常考えられません。この海峡封鎖は特定国家を侵略するためのものではなく、中東の石油・ガスを輸出不能とし、世界の平和（秩序）を混乱し破壊しようとするものなのですから、できれば国連が立ち上がり、それができなくても有志連合軍を募って、あくまでも集団安全保障措置として対応すべきものなのです。

その際、第一線戦闘部隊の役割を担うか後方兵站部隊に任ずるかは問題ではありません。現代戦では後方部隊でも前線と同様の損害が出るのが通常です。後方支援に徹したアフガンでのドイツ連邦軍も五〇名以上の戦死者を出し問題となりましたが、ドイツは引き続き域外（NATOの非5条任務＝集団安全保障任務）軍事支援を継続しています。

二〇一四年九月、シリア国内のイスラム国空爆にあたり、当初、アメリカは自衛権発動による有志連合軍だと主張しましたが、同時に外交活動によりG7をはじめ多数の国連加盟国による支持、そしてシリア自身の暗黙の了承まで取り付けました。こうなると、この有志連合軍の行動は、国連安保理決議がないにも拘わらず、「自衛」から「集団安全保障措置」に変わったといわざるを得ません。

いずれにせよ、今後の防衛に関わる国民的論議の中で、「集団的自衛権行使から集団安全保障措置へ」という考えに対する理解が深まることを私は期待しています。

第一二章　部隊（自衛隊）の運用

さて、これから述べる問題は専門家たる軍人（自衛官）の在り方の問題です。自衛隊（軍隊）は一種の職人の世界の話ですから現職の彼らに委せておけば良いという考え方もあるでしょう。しかし、いかに国民の代表たる政治家が軍人（自衛官）達に立派な組織装備を与え、目的・任務を明示し得たとしても、肝心の軍人（自衛官）達がその人・組織・装備を十分に行使できず、目的・任務を達成できなければ、その軍事組織はまったく無意味なものになってしまいます。

軍人（自衛官）が軍人（自衛官）らしく職務を全うするかどうか、については明らかに軍人（自衛官）自身の責任なのですが、それを点検する責任は政治家・国民に残ります。

つまり、防衛力をつくる国民が「その防衛力が確かに機能している」と確認する能力を持たなければならない、ということです。またその国民の点検能力があってこそ、初めて立派な防衛力整備もできようというものです。ですから、これから述べることは正に軍人（自衛官）の問題なのですが、一般の人々にも、その要点だけは理解していただきたいと思い付け加える次第です。

以上のような観点から、本章では自衛隊の運用上の要点を、次のような項目を立て私見も入れながら述べることにしますが、これらの概念は組織論としてある種の普遍性を有していることから、一般の企業組織等においても応用できるものではないかと思います。

一　統率
二　情報
三　作戦（戦術・戦略）
四　教育訓練・人事
五　後方兵站
六　装備・技術
七　シビリアン・コントロール

一●統率

統率とは何か

古代の共和制ローマには「独裁官」（ディクテイター）という職位がありました。外敵の侵入や疫病の流行、政治的混乱など、国家の非常事態が発生した場合、権力が分散されると非効率なので、ただ一人の「独裁官（通常は軍人）」に強大な権力を与えて事態に対処させました。日本の言葉でいえば、拙速を尊ぶべき危機（非常時）において「小田原評定」や「船頭多くして船山に上ること」を避けたわけです。ただし、その独裁官が無制限に権力を行使しないように、その任期は短期間（通常六カ月）としていたところが二〇〇〇年以上も昔の人々の知恵でした（かのシーザーは終身独裁官となったために暗殺されました）。

平時は民主的に部下の意見を聞き、根回しをしつつ物事を進める現代においても、一旦危機が発生すればすべての「組織の長」は孤独な独裁者にならざるを得ません。

この独裁者たる組織の長は、危機の状況を分析して、なにがしかの行動を決断しなければなりません。しかし、彼がいかに賢明な決断をしても、その時部下がその決断に従い、行動し、働かなければ、危機管理（戦争指導）はできません。

部下に、その行動をとらせる指揮官の精神的感化を統率といい、その力を統率力といいます。

統率力は一般に、指揮官の「人格」と「能力」によって構成されます。「人格」と「能力」のどちらに比重をかけるかは人によって違いますが、少なくとも片方がゼロという人に統率はできません。統率の結果として現れるものは、部下からの指揮官に対する「信頼」です。第七章の中国との防衛交流のところでも述べましたが、「信」とは人の言葉すなわち「嘘を言わない人」である指揮官の人格を表し、「頼」とは部下がその指揮官の「力を頼りにすること」すなわち指揮官の能力を意味します。

もちろん平時でも統率力は大切ですが、緊急時（非常時）においてはその重要性が一気に拡大します。一般に、危機においては状況がすばやく変化し、その変化への対応が遅れると、それが組織員および組織そのものの致命傷になりかねないからです。

また、指揮官の統率力は、平時から指揮官と部下の間で培われていることが望ましいのですが、緊急時に発揮されなければならない統率力こそが特に重要なのです。つまり、非常時における指揮官は、君子豹変してでも統率力を発揮しなければならないということです。

フランクリン・ルーズベルトは、一九三五年に「絶対に戦争はしない」と約束して大統領に当選しましたが、それを時代錯誤だと認識した一九三七年に豹変し、「侵略国ドイツと日本を世界から隔離する」と宣言しました。その後、彼はラジオの『炉辺談話』という番組の中で戦争に関わることを嫌うアメリカ国民を説得し、さらには日本を挑発しアメリカを世界戦争に巻き込んでいきました。その決断が結果的に景気の悪化、ニューディール政策の不人気、労働争議などの危機からアメリカを救い、この国を世界一の大国に変貌させたという事実を否定できる者はいません。日本人にとってはまことに憎むべきアメリカ大統領ではありますが、彼は確かに偉大な政治家（軍の統率者）であったといわざるを得ません。だからこそ、戦争終結を模索する日本の鈴木貫太郎首相は、一九四五年四月に「偉大な大統領を失ったアメリカ国民に、深い哀悼の意を贈るものであります」と短波放送でルーズベルトの死を悼む声明を発表したのでしょう。

ともあれ、統率の目的とは組織全体の行動を一つにまとめることであり、それは指揮官と部下が同じ使命感を共有するということです。本当に使命感を一つにできた部隊は、①団結し、②規律が保たれ、③士気旺盛である、とされ、「団結、規律、士気」は部隊精強化の三要素といわれています。小さな組織の場合では「指揮官が何も言わず、自分の行動とその背中で部下にそれを示す」ということもありますが、大きな組織の指揮官にとっては何といっても「言葉」が大事です。『炉辺談話』のような国民への直接の説得がなければ国家的危機における統率などできないのです。

リーダーシップとフォロワーシップ

自衛隊（軍隊）における部隊の行動は、常に指揮官の命令の下で実施されることになっています。たとえば、二人の同じ階級の自衛官が仕事場へ行くために隊内を並んで歩く場合であっても、そのうちのどちらかが指揮官になり、「前へ進め」と号令をかけて歩調を揃えて行進します。この二人だけの部隊は自然にでき上がった臨時の部隊であり、右に位置する指揮官は「臨時の指揮官」、左に並ぶ部下は「臨時の部下」ということになります。

自衛隊に入隊した新隊員たちは、入隊直後からそのように訓練され、ここで最小限の「指揮官としてのリーダーシップ」と「部下としてのフォロワーシップ」を身につけていきます。ただ、「本当の統率力（リーダーシップ）」や「誇りある服従心（フォロワーシップ）」といったものは、その程度の訓練で簡単にできるものではありません。階級を問わず、自衛官はそれぞれの部門で長い時間をかけて指揮官を体験し、部下を体験します。そして、その体験の中から各人が独自につくり上げていくのが統率力であり服従心なのです。つまり、画一的な統率力も、これに応ずる一律の服従心もあり得ないのであって、各級指揮官とその部下達はその状況に応じて自らそれらを創造していかなければならない、ということです。

かつての自衛隊では、第二次世界大戦中に部隊一丸となって玉砕した拉孟《らもう》守備隊の金光恵次郎少佐やガダルカナルで率先陣頭指揮して倒れた若林東一大尉を模範とし、統率について教育していました。統率という概念の一部のみをとれば、確かに見事な統率の例なのでしょう。参考の一つとしての価値はあります。しかし、統率という概念は時代、また個々の状況によってすべて変わるものです。現在の自衛隊員に、金光少佐や若林大尉の真似をせよといっても真似はできないし、真似をしても意味はありません。

結局のところ、統率力とは各級の指揮官となる者が自ら学び考え、自ら修練して身に付けていくものだというしかありません。

前述したように、指揮官には、どちらかというとその「能力」で部下をまとめ率いていく人と「人格」でまとめ率いていく人とが現実にいるようです。「能力」も「人格」も満点であれば当然よろしいのですが、どちらか一つにしても満点をとるような人はめったにいないのですから、点数など気にせずに、そのいずれについても、少しでも向上するように努力を続けるしかないでしょう。

「能力」を向上させるには、もちろん自らの体験を増やし、そこで得たものを蓄積していくということが必要です。しかし、個人の体験というものは極めて限定されたものなので、他人の体験を借りてこなければなりません。これが「学ぶ」ということです。そして孔子が「学びて思わざれば、すなわち暗し」と言っているように「いかに学んでも自分で考えなければ前が見えず前進できない」ということになります。「思う・考える」ということは自分や他人の体験例をただ羅列するのではなく、その体験・知識に筋を通し傾向や論理を自ら作り上げ、変転する状況の先を合理的に正しく洞察するということのようです。無論、ここでは他人の作った論理をも学んで利用します。それらの繰り返しの努力によって人の能力が向上するのです。

「学ぶことと考えることのどちらを優先すべきか」という問題は難しいのですが、私は、成人には「考えることを優先するよう」勧めています。何故なら成人は否応なくすでに相当学んでいるはずなので、今こそ「考えるべき時」だと思うからです。私自身の体験からすると、考えれば自ずと学びたくなるものです。けれども、学べば考えたくなるとは必ずしもいえまえせん。ですから、まずは「考える」ことなのです。

一方、「人格」を陶冶するにはどうしたらよいのでしょうか。ここでいう「人格」とは「他人と折り合っていく力」あるいは「他人を惹きつけ共に行動しようと思わせる力」とでもいうことができるでしょうか。一見やさしそうですが、この力を向上させることはとても難しいことのようです。それを得るための方法はおそらくいくつかあるのでしょうが、私は若い学生たちに「何となく嫌いな人、付き合いたくない人を避けずに、彼らと積極的に付き合いなさい」と勧めています。「社会人になれば、そういう人たちばかりに取り囲まれるのですよ。そのすべてを避けていたら貴君は生きていけなくなるのですよ」とも言います。「そういう人たちと無理してでも真剣に付き合っているうちに、その相手の悪いところも、意外にも良いところもわかってくるし、それ以上に貴君自身の良いところも意外に悪いところもわかってくるでしょう。そこで、相手の良いところをとり、自分の悪いところを抑えて付き合う、そうした付き合いを続けていけば好き嫌いの感情もまた変わってくるのです」と話しています。

ここで、孔子の話をしてみましょう。

ある時、孔子の高弟が孔子に尋ねました。「先生は私どもに沢山のことを教えて下さいましたが、その多くの教えの中で一番大事なものは何なのでしょうか」。これに対する孔子の答えは「私はただ一つの道を貫いてきました。立派な人間の道を表現するのに『忠恕《ちゅうじょ》』という言葉以上のものはありません」であったそうです。

「忠恕」の忠は「誠実」という意味であり、恕は「寛容」という意味だということです。忠は忠君愛国などという言葉に出てくるので、多くの日本人は「他人に対する誠実さ」と理解しています。しかし、『論語』の解説書を読むと実はそうではなく「自分の良心に対する誠実さ」という意味だそうです。要するに「自分の良心（信念）に対して嘘をつかないこと」のようです。自分が「こうあるべきだ」と思ったことであれば、多くの他人に否定されても阿《おもね》ることなく、苦しくても信念を曲げず貫き通すことだ、ということです。

一方、恕の寛容とは「人の良心というものは人それぞれに違うものである」という前提の下に「自分の良心を相手に押しつけてはいけない。相手には相手の良心があるのだから、相手の立場を慮って自分の良心とは違う彼の良心を認め許しなさい」ということです。

この孔子の教えを簡単に言い換えると「自分には厳しく、他人にはやさしく」ということになります。「自分への厳しさ（責任感）」と「他人へのやさしさ（愛）」が合致せず矛盾する時にはどうするのか、という究極の問題は残りますが、それはその状況と各人の運命に委ねるしかありません。

そう考えれば、この「自分には厳しく、他人にはやさしく」という在り方は至極簡単で当然のことのように聞こえますが、言うは易し、その実行はなかなかに難しいことらしく、「自分に厳しいが他人にも厳しい」、「自分にも他人にもやさしい」、「自分にはやさしいが他人には厳しい」といった人たちが世の中にはかなりいるようです。けれども、こういった人々は「人格者」とはいえず、指揮官・統率者になれないのはもちろんですが「良き服従者」にもなれません。そういう人ばかりの組織・社会はまとまりが悪く、いずれ自壊せざるを得ないでしょう。ひとり自衛隊だけでなく、あらゆる社会に「人格者」たるリーダー、フォロワーが一人でも多く現れることを願う次第です。

以上、「統率」は次の六項目にまとめることができます。

①「統率」はあくまでも個人個人のもの。

②「統率」はその時々の環境により変わる。

③「統率」は昔の例を真似てもできない。

④「統率」に百点満点はあり得ない。

⑤「統率力（リーダーシップ）」の練成は困難だが諦めてはいけない。常に「能力」「人格」の向上に努めなければならない。

⑥「統率」を支えるフォロワーシップのためには、組織の構成員（社員・国民一般）に対する精神教育（最も基礎的な普遍的良心の教育）が大変重要だが、これを個人に対する良心の押しつけととられないように注意する必要がある。

二●情報 なぜいま「情報」なのか

大東亜戦争時の帝国陸海軍は「情報」を軽視しそれ故に敗れた、ということがよくいわれます。私もその意見に同意します。確かに、作戦畑しか経験しなかった元帝国陸軍将校の一部に、自衛隊員になってからも「あの情報屋たちの書く情報見積もりなど、三十分もあれば俺がひとりで書いてみせる」と言う勇ましい人がいたことは事実です。ですが、このような情報軽視の根本的原因は、このような作戦将校たちにあったのではなく、情報将校をも含む陸海軍全体に、さらにはその背景をなす日本国民全体の中にこそあった、と知らなければなりません。

あの三〇〇年の「鎖国による徳川の平和」は、「世界を知り尽くした上での政策の効果」であったのか、それとも「知らぬが仏」の不作為の結果であったのか。おそらくは後者であったに違いありません。そして第二次大戦後の「非武装中立論」も「和を請い願うのみで不作為を重ねる日本国の伝統」がなせるものであった、と私は思います。なるほど、非武装中立論とはとても美しい「言葉」ではあります。しかし、この論に決定的に欠けているのは現実認識です。そして、現実を認識するのに欠かせないものが「情報」なのです。

もちろん「和」という良き伝統は今後も大事にすべきですが、大東亜戦争の開戦と敗戦を生んだ情報軽視（蔑視）の悪しき慣習を今こそ反省すべきではないでしょうか。

すべての政策は、その時の「状況判断」から生まれるものです。その状況のすべてを知り尽くすことは難しいとしても、その政策を推進する上での大事な要素だけは漏らさず調べ上げ、特に安全保障面において多大な影響を及ぼす要因については、然るべき利用方法と制御対策を準備して「最良の方策」を決定し、実行に移さなければなりません。

ところで、具体的な「闘い」に大きな影響を与える要素とは何でしょうか。いろいろな意見がありますが、ここでは、米軍の将校たちが「戦場で状況判断をする時に、最小限考えるべき要素」として教えられてきた「ＭＥＴＴＴ（メッツ）」という略語を紹介します。
ＭＥＴＴＴとは、以下のような意味を表しています。

Ｍ（Mission）：任務　（使命・目的・目標）
Ｅ（Enemy）：敵　（顧客・商売敵・銀行）
Ｔ（Troop）：我が部隊（我が社の能力・銀行・株主）
Ｔ（Terrain）：地形　（環境条件・情勢・景気・法律）
Ｔ（Time）：時間　（準備期間・タイミング）

五つの用語の頭文字をつないだ言葉です。なお、括弧内の言葉は企業経営に当てはめた場合どうなるのか、参考のために入れてみました。

孫子（紀元前五〇〇年頃の兵法家。孫武）は「敵を知り己を知らば、百戦して危うからず」と言いました。これは確かに情報の重要性を説いた名言なのですが、ＭＥＴＴＴからみるとＥと最初のＴだけを情報要素としているという点で、現代では極めて不十分だといえます。

情報というと敵情のことだけだと思いがちな人が多いのですが、実は上記ＭＥＴＴＴに関するすべてのものが情報なのだということを理解して下さい。そして、敵にその情報を取らせないための対情報行動全般も当然のことながら情報の重要な一部なのです。

民主主義世界ではすべての情報を互いに公開すべきだという意見がありますが、「闘いの世界」では秘密保全は極めて重要なことです。それは民主主義世界においても皆さんの個人情報が保全される必要があるということと実は同義なのです。

正しく説得力ある情報は、作戦担当者の決断を促し、時にはその決断を強要するものでなければなりません。情報は学問の世界における「知識ならぬ知（智）」です。日本では「水と情報は無料」だという誤解がありますが、これらは本来極めて価値ある（高価な）ものであると認識する必要があります。自衛隊が、そして国中が情報の価値を認識した時、情報軽視（蔑視）という悪弊は消え去り、国民も国もより強靭になることでしょう。

機械的情報と人間情報

衛星からの偵察、電波傍受、サイバー技術を使用した情報入手、あるいはその妨害等々、機械的な情報資料入手手段が最近では増えてきました。航空機や弾丸そのものがセンサーを持ち、目標の動きを察知できるようにもなりました。こうした情報入手機器等の発達は情報の質・量を拡大し、またコンピューターの発達はこれらから得た情報資料や公開情報を迅速に分析し対応を効果的にしています。機械的情報分野の進化は、特に宇宙・サイバースペースなどの領域において、ますます顕著となるでしょう。日本はこの分野で既に後れをとっているように思えます。一層の努力が必要とされます。

一方で、機械的情報には限界があるということを知らなければなりません。この情報収集手段は敵の欺騙《きへん》（Deception）にかかりやすく、またセンサーに反応する対象が本物であるかどうかを確認するためには、厖大な実験を重ね、真偽を検証するためのデータを手作りで作成しなければなりません。

敵情を知るということは、敵の「意図」と敵の「能力」を知ることなのですが、機械的情報収集では「能力」はある程度読めても相手の「意図」はほとんどわかりません。敵の意図を知るためには昔ながらの人間情報収集、すなわち、「フェース・トウー・フェース」、「ハート・トウー・ハート」、「パーソン・トウー・パーソン」の情報、すなわちヒューマン・インテリジェンス（Humint）が何といっても重要です。そして、最も上質の人間情報とは、相手の意図を戦わずして我が意図に同化させることなのです。その意味では今、政治的には「首脳外交」が、そして軍事的には「防衛交流」が、ますます重要になってきているといえるでしょう。

「三戦」時代の情報

既に述べたことですが、中国は「今や三戦（心理戦、広報宣伝戦、法律戦）の時代である」と自ら宣言してその「戦い」を推進しています。彼らは、その三戦の背景を為すものとして軍事力を極めて有効に使用します。

我が国の安全保障分野に従事する者は、その中国の三戦の背景にある軍事力がどのようなものであるかを見抜く情報能力を持たなければなりません。具体的に、例えば中国の新航空母艦『遼寧』がどの程度の力を持つものなのか、その同型艦を何隻いつまでに整備できるのか、といったことを分析し国民に伝えなければなりません。逆に、自衛隊の軍事力が日本の三戦の背景の一部としてどれだけ効果的なものであるか、それを増強するにはどうすべきか、について国家安全保障局、外務省、財務省に進言しなければなりません。

すなわち、現代の軍事情報そのものが三戦（心理戦、広報宣伝戦、法律戦）を含んだ戦略分野に移行しつつあるということなのです。

他方、機械的情報の限界や脆弱性を補うため、ネットワークの拡大や、ハードの強化および多重化などの対策も立てなければなりません。また、ネットワークの拡大は同時に秘密漏洩の可能性拡大に通じるため、秘密保全や通信回線保全にもさらに気を配る必要が出てきます。

近年になってようやく、陸上自衛隊に「情報」という職種ができたようですが、人事的にもこの分野に光をあてる時がきているようです。

三●作戦

戦略と戦術

軍事における作戦は、将校（幹部自衛官）の本業（主特技）だといわれています。しかし、情報を軽視した作戦はあり得ないし、後述する教育・訓練や兵站を無視した作戦もあり得ません。

であるならば、将校はそのすべてを考慮した上で作戦を立案しなければなりません。つまり、作戦とは軍事力のすべてを活用したオールラウンドなものといえます。

したがって、情報将校も兵站将校も教育訓練担当将校も、当然のことながら「作戦」という概念の本質を理解し、その上で自分の専門領域がどのように作戦に寄与するかということを認識しておく必要があります。作戦は幹部自衛官の本業だといわれる所以です。

また、作戦（本業）畑だけを歩いて出世した軍人が情報・兵站を軽視するとすれば、それはあまりにも矛盾に満ちた話だといえます。

ともあれ、今後はすべての幹部自衛官（将校）が情報や兵站等の実務を体験しつつ作戦も経験し、最終的には各人の適職を求めていく、ということになるでしょう。

さて、作戦とは作戦計画をつくりそれを実行することですが、通常それは戦略と戦術に基づいて行われます。それでは、その戦略と戦術はどう異なり、どう関係付けられるのでしょうか。

ナポレオンは「戦略は大戦術」といいましたが、そのナポレオンから多くを学んだとされるクラウゼヴィッツは次のように述べています。

「戦術の目的は戦闘における「勝利」であり、その手段は訓練された「戦闘力」である」

「戦略は戦闘における「勝利」を手段として、戦略の目的（講和をもたらすこと）を達成するものであり、同時に戦闘（戦術）に目標を与えるものである」

ナポレオンはロシア侵攻にあたって首都モスクワを目指しましたが、ロシア側はモスクワを自ら焼き払い（焦土作戦）、その主力軍を南方に移動させて決戦を避けました。ナポレオンは、ようやくモスクワに到着したものの兵站線が尽きた上に冬将軍に痛めつけられ、燃え上がるモスクワを眺めつつほうほうの体で撤退しました。

この状況をロシア側の一少佐として冷静に眺めていたクラウゼヴィッツは、「戦争において叩くべき敵の戦力重心はその首都ではなく敵の野戦軍主力である」と、後に『戦争論』の中で述べています。「戦略と戦術についての説明」はその体験から出たものであり、ナポレオンの「戦略は大戦術」という単純な表現に比べると、遙かに考え抜かれ洗練された表現です。

ナポレオンは、ロシア戦役において戦術面ではほとんど勝っていたにも関わらず、戦略面で負けて講和を結ぶことができなかったということができるでしょう。

かつて、戦術・戦略は軍人の専門事項と考えられていましたが、それはどうやら間違った認識のようです。敵の部隊と戦い敵部隊を撃滅する手段としての戦術は、確かに軍人（自衛官）の専門といえるでしょうが、その軍人（自衛官）たちに、何のために、どの国と同盟を組んで、どの国とどこで戦い、どの時点で戦いをやめよ、と命令すること、すなわち戦略策定には、軍事・外交・経済・文化を含んだ極めて広い領域をカバーする政治的な考慮と決断が必要なのです。

明治末期から昭和二〇年にかけて、日本の軍人たちは国家戦略に関して自分たちの独壇場と考えていたように見受けられます。そして、軍人のかなしさというべきか、外交・経済・文化・政治といった要素を無視し、軍事面だけを考慮して戦略を立てていました。しかも、驚くべきは、海軍と陸軍がそれぞれ独自の仮定に基づき別々の戦略を立てていたということです。

要するに、戦前の日本は本当の意味での総合戦略を有していなかった。そして、それが第二次世界大戦で敗れた主因だといえます。

一方、戦後の日本はというと、戦前とは真逆に軍事面をほとんど考慮しない国家戦略を採用してきました。確かに、国全体が焦土と化した敗戦時には軍事どころではなかったし、復興期において経済を最優先した戦略も理解できます。また、日本にとってすこぶる居心地のよかった冷戦時代に、軍事にほとんど関心を示さなかった国民の感性もわからないではありません。もっとも、その背景にアメリカという圧倒的存在があったことはいうまでもないことですが。

しかし、油断大敵。世界は短期間にその姿を劇的に変化させることがあるのです。

アメリカの存在感の相対的低下、中国の経済力・軍事力の爆発的拡大と覇権的野望、北朝鮮の核保有、韓国の国家レベルでの反日キャンペーン。冷戦後、ほぼ同時期に起こったこうした変化は、当然のことながら日本の安全保障に大きな影響を及ぼさざるを得ません。

加えて、戦後長らく続いた日本の経済中心戦略は綻びを顕にします。バブル崩壊を経て、肝心の経済力の凋落は覆うべくもありません。経済紙誌をはじめとするメディアが日本の状況を「第二の敗戦」と表現してから久しく時が流れました。

ある状況が未来永劫続くことなどあり得ないことを、歴史から学ばなければなりません。そして、その真理を前提として国家の戦略は策定されなければならないのです。

ともあれ、軍事をまったく度外視して国家戦略を語ることは間違いであり、戦略とは日々生起する様々な事象を分析勘案し、あらゆる領域からアプローチされバランスのとれたものでなければならないはずです。そして、遅まきながらも最近の日本人はそのことを理解し始めているようです。

いずれにせよ、戦略とは自衛官（軍人）の問題ではなく、政治家、そしてその政治家を選ぶ国民一人ひとりの問題であるということをここでは指摘しておきます。

それでは以下、戦術と戦略についてポイントを絞って説明しておきましょう。

戦術における基本原則

先にも述べたように戦術は戦略の下部概念であり、国家の安全保障にとって戦略よりも優先度の低いものではあります。しかし、クラウゼヴィッツがいうように「戦略は戦闘における勝利を手段として、その目的を達成するもの」であり、「戦術が描く戦闘で常に負ける国が戦略的に目的を達成することはあり得ない」ことから、「立派な戦略があれば戦術などどうでもよい」というわけにはいきません。そのために帝国陸海軍でも、戦術（海軍では戦策という）は将校（幹部）の表芸とされてきたのです。

この「戦術」というものはあくまでも「術」であって、「戦学」すなわち「学」ではありません。「学」は大学で学んで卒業証書をもらえば一律に「学士号」を与えられ、それなりにその応用ができるのでしょうが、自衛隊の学校でいくら戦術を学んでも、状況が変転する戦場で常に戦勝を得るような能力は身につくわけではありません。四五年ほど前、私が指揮幕僚過程（昔の陸大に相当するもの）で戦術を学んだ頃、陸上自衛隊では「戦術百想定」という言葉が流行っていました。図上戦術とか現地戦術といった勉強の仕方があるのですが、いずれにせよ、敵の状況、気象地形の状況、我が方の状況等を与えられ、それらの変化を追いながら一作戦が終わるまでの結節における状況判断を教官との問答等により概ね一～二週間程度かけて学ぶのが一想定です。他のことも学ばなければならない一年半の学校生活ではまあ、一〇～一五想定が限界ですから、「百想定」ということは、「学校を卒業してからも機会を求めて戦術を考える機会をつくり、さらに修練せよ」という意味だったのでしょう。

考えてみれば、その修練の間に「敵」も「我」も「気象地形」も千変万化しているのですから、「百想定も考えておけば、これから起こる戦争のパターンもその中に必ず含まれているだろう」という指導は、まったく非科学的なものでした。

次にあげたのは、私たちが戦術教育の中で教えられ丸暗記させられた「戦いの九原則」と呼ばれるものです。

①　目標
②　主動
③　集中
④　経済
⑤　統一
⑥　機動
⑦　奇襲
⑧　保全
⑨　簡明

これらの項目は「原則」ですからいずれも大切なものなのですが、本当に大事なのは①、②、③の三つだと私は考えています。

①の「目標」は目的から出てくるものですが、これは「戦術を使うものは戦略を忘れてはならない」という意味で極めて重要です。すなわち、自衛官（軍人）は政治家・国民がつくり上げた戦略外に出てはならない。戦いの目標は戦略を最も効率的に達成するための中間的なものでなければならない、ということです。朝鮮戦争で中国義勇軍が朝鮮半島に乗り込んで来たとき、マッカーサー司令官は勝つために核攻撃や中国国内への航空爆撃を戦術的に考慮したのですが、アト

リー英首相、トルーマン米大統領の戦略はそれを許しませんでした。戦略に反した目標を設定してはならないというこの原則は、軍事にとって不滅の原則であると私は考えています。

②の「主動の原則」も極めて重要です。この原則はかつて陸上自衛隊では「主動」といわず「攻撃の原則」といっていました。しかし、前述した「目標の原則」を遵守し「専守防衛」という国家政策に従ったためか、いつしか「攻撃」が「主動」に変わってしまいました。そして「防御」の場合にあっても主導的に戦闘しなければならないという説明が付記されるようになりました。

一般に、攻撃（攻勢作戦）を発動して一度勢いをつけた敵は、途中でその体制を変更することが困難になります。ですから、敵の動きに応じ柔軟に対応できる「内線の構え」（攻撃を全正面で待ち受け、その動きを見極めた後、これに効果的に対応できる態勢）をとった防勢の方が有利だとするクラウゼヴィッツのような考え方も出てきます。したがって、防御においても「主導性」を発揮すべし、という言い方は当然可能です。

ただし、「内線の構えからでも攻撃はしない」と誤解されがちな「専守防衛」という戦術は、実はあり得ないことなのです。たとえば、ボクシングの練習でコーチが選手には自由に打たせながら、自分は大きく平たいミットでかわし避けるだけということをやりますが、この場合ノックアウトはされないまでもコーチは絶対に選手には勝てません。

自衛隊もこのような「ノックアウトされない程度の「叩かれ台」になればいい」という考え方もあるかもしれません。しかし、軍事においては、そんなことは技術的にもできないし、仮にそれを目指すのであれば攻撃して来る相手を圧倒する巨大な力を準備しなければなりません。そして、それだけの力を有するには国家の財政基盤を揺るがしかねない巨額の資金を要します。

「専守防衛」ということの言葉は、かつての自衛隊では「戦略守勢」といっていたのですが、一九七〇年頃に中曽根防衛庁長官がつくった『日本の防衛』（日本の防衛白書第一号といわれるもの）において「専守防衛」に換えられました。もっとも、この「専守防衛」という言葉をはじめに発明した人は中曽根長官ではなく、意外にも航空自衛隊幹部（一空佐）であったという話です。

国策を変えるということは戦略を変えるということなので、現職自衛官からは言い出しにくい問題です。しかし、私ども自衛官ＯＢは、「攻撃は一切しない」と誤解されやすく、自衛官という専門家の手足を必要以上に縛りかねないこの「専守防衛」を「戦略守勢」という本来の言葉に戻してほしい、と考えています。

さて、①、②の原則は戦略との関係において重要なものですが、純粋に戦術として考えた場合には③の「集中」が九原則の中で最も重要です。

まず、「集中」の意味について、例をあげて説明しましょう。

理論上まったく同等の力を有し「運」の総量も同じである人間が一人対一人で決闘をした場合、その結果は引き分け（または共倒れ）になります。では、これが一人対二人の場合はどうなるか。一人の方が倒れるのは当然として、二人の側の残存勢力はどれだけ残るか。その時、二人の側は「二の自乗マイナス一の自乗＝三」の平方根、すなわち一・七三二人が残る、という答が『ランチェスターの第二法則』という数式で数学的に証明されています。

この計算にいくつかの例を当てはめていくと、一人対一人で片方が〇人になった時もう一方の残存数は〇人、一人対二人の場合では一人の側が〇人になった時二人の側の残存数は三の平方根で一・七三二人、一人対三人の場合は八の平方根で二・八二八人、一人対四人の場合だと一五の平方根で三・八七三人が多数の側に残存する計算になります。

この数値を見ただけで、戦術において「戦力の集中」ということがいかに重要か、おわかりいただけるでしょう。

たとえば、各人の力が同等である五人のグループAと、同じく五人のグループBが喧嘩をすると仮定します。この五人同士がそれぞれ一人対一人で闘えば、各戦闘部分も引き分け（共倒れ）となるし、グループ同士としても引き分け（共倒れ）です。そこで、どうしても勝ちたいAは、自グループの三人でBの一人を攻撃する。うまくいけば「集中」の効果を発揮して相手の戦力の五分の一を完全に〇にし、自グループの三人の戦力は三人に近い二・八七三人分残っている。この戦闘だけをみれば完勝です。問題は、相手の残りの戦力四人との自分たちの戦力二人の戦いをどうするかです。この場合、基本的にはAの二人は敵Bの四人とまともに戦うことを避け、この四人を遊兵（戦列外にあって現在は役に立っていない戦力）にすることに専念すべきです。

さて、Bの一人を完全に排除した後の戦力は、A四・八七三人、B四人となります。その後、Aは再度Bの一人を孤立させ三人で攻撃します。この第二次会戦が終わった後の残存戦力はA

四・七四六人、B三人となります。同様の会戦を五回繰り返すことによってB側の戦力が〇人となった時、A側は約〇・六四人の損害を受けていますが、なお四・三六人の戦力を保持していることになります。

同じ能力を持つAとBが戦ってAが勝つためには、Bを分断して孤立させた敵にAの主力をぶつけて撃滅する。そうした「分断各個撃破」の状況を何回も現出させ「時間差」をつけて繰り返すしかないということです。そして、これが「集中」の原則の活用方法です。

先に、戦術は「学」ではなく「術」だと述べましたが、この「集中」の原則だけは論理的であり、ある程度実証された「学」だといっていいのかもしれません。

しかし、前述した各会戦のシュミレーションの中で、A側主力が集中攻撃する相手以外のB側残存戦力への対応という問題は、机上の計画で解決できるほど簡単なものではありません。敵を遊兵化し、味方の2の勢力に損害を出さないとするこの作戦（ボクシングでいう右ストレートを効果的にする左ジャブの行動）は、言うは易く、実際には極めて難度の高いパフォーマンスとなるからです。実際の戦闘では、こちらが決戦場だと欺騙して敵を本当の決戦場から遠く離れた場所に誘導したり、煙幕を張って敵の火力を妨げたり、障害物で敵の機動を妨害したり、あるいは偽情報を流して敵陣営を混乱させたり、と様々な手段を講じます。しかし、当然のことながら相手方もそれを承知しています。また、地形や気象の変化もあり、現実の戦闘のかたちは千変万化するものです。そこには定まった回答はなく、敵味方双方、各級指揮官の個人的能力に基づく

「戦術」比べとなるのです。

なお、最近では『ランチェスターの第二法則』を活用して、コンピューターを使ったシミュレーションを実施して最良の状況判断を求めることが流行しております。これも「術」というよりは「学」なのですが、このコンピューターでの計算式に含めるべきフィールド・データの取得が実は大変な作業なのです。このデータは実戦の中で収集するか、装備実験・部隊実験を行って収集するのですが、自衛隊は実験の経験が少なく自らデータを作り出すことが得意ではありません。したがって、アメリカ軍のデータを提供してもらってシミュレーションをすることが多いのですが、データ収集・実験の前提が自衛隊の実際の行動とどの程度相違しているかもわからず不安は残ります。最終的にその計算結果としての状況判断が正しいのかどうかは、もちろん実戦をやってみなければわかりません。しかし、実戦の実験だけはできないので、結局のところシミュレーション結果を参考として各級指揮官が自らの戦術能力を発揮する、いわゆる「マン・マシンシステム」に留まらざるを得ないこととなります。

④の「経済」以降の原則はすべからく、この「集中」の原則を成立させるために必要な原則です。まず、「経済」は分離させた敵に集中する戦力をできるだけ大きくするために、敵遊兵化用の戦力を経済的にできるだけ小さなものとし、その行動も主力行動正面に敵を近づけないことを第一義とし、とにかく自らが損害を蒙らないようにしなければならない、という意味の原則です。

⑤の「統一」は部隊の集中・分散・部隊交代などが円滑に行われるように、部隊の編成・装

備・教育訓練等を予め統一しておくという原則です。

⑥の「機動」は叩くべき敵を敵主力から分離させた上で自陣の主力をそこへ集中し、敵の増援が来るまでに撃滅するためにも、また敵主力をいなし遊兵化する役割の（ボクシングでいうジャブ役の）部隊が敵を欺き逃げるためにも、敵に勝る「機動力発揮」が極めて重要であるということを意味する原則です。

⑦の「奇襲」は「機動」とも非常に関係の深い原則ですが、要するに敵がまったく予期していなかった行動を取ることにより敵に対応のいとまを与えないということです。奇襲によって相手はパニックを起こしその戦力を発揮できず、この原則の活用は「右ストレート」だけでなく「左ジャブ」にも効果的であり、「集中の原則」の効果をますます高めることになります。

⑧の「保全」には、「通信保全」「秘密保全」「隊員保全」「部隊保全」と多種の「保全」があるのですが、敵がこちらの戦力を殺ぐため仕掛けてくる各種の工作（情報・心理戦）から自陣の戦力を守り部隊の健全性を保つことがその狙いです。「集中」の原則との関連でいえば、戦力の「集中・分散」意図を敵に察知されないようにすることが何よりも重要です。

⑨の「簡明」とは何か。戦闘中の状況が目まぐるしく変化するため、複雑な命令や指示は混乱の原因となります。したがって、このような状態においては大きな「一般方向」だけを示し、具体的な行動は自ら状況を判断し責任をもって行動する部下（指揮官）に委せなければなりません。「簡明」とは、つまりこういうことを意味する原則です。

さて、これらの原則を理解したとしても、まだ大きな問題が残されています。その問題とは、現実の戦闘状況というものは通常あまりにも複雑であるためきめ細やかな戦闘任務は付与できない、ということです。「何時に攻撃を開始してあの山を取れ」という程度の簡単な任務を与えられた下級指揮官は、自らその任務を分析することになっていますが、実際にはそれほど簡単なことではありません。その「山を取る」までの間に敵にどれだけの被害を与え、部下の損害をどの程度に抑えるのか、近隣友軍にどれだけの支援をするのか、地元住民の被害を防ぐためにどれだけの努力をするのか、山を取るのは何時までなのか、といった多岐にわたる課題に対して自らの責任で結論を出し、命令し、行動しなければならない。それは各指揮官のいわば哲学から発するものであり、教科書や上からの命令には通常示されないものなのです。だからこそ、「戦術」は個人のものであり、「学」ではなく「術」なのです。

日本の戦略

国家の戦略は、外交・経済・文化・軍事等の専門家の意見を聞いて、国民の代表たる政治家が決定すべきものです。その意味で、二〇一三年（平成二十五年）の秋に新組織・国家安全保障会議によって、日本初の「国家安全保障戦略」ができたことは、評価されてもよいと私は考えています。

しかし、この新戦略はほぼ同時に出た25大綱（平成二十六年度以降に係る防衛計画の大綱）にどのような目標を与え、自衛隊の編成・装備とその運用（戦術）に具体的にはどのような変化をもたらしたのでしょうか。元自衛官である私がとやかく述べるのは僭越な話ですが、一国民としての立場から気になる点だけを短く述べておきます。

安全保障環境について「大量破壊兵器の拡散」と「国際テロ」の二つを「脅威」として挙げたのは諸外国、特にアメリカと平仄を合わせたものであり、総論としては問題ないと思います。しかし、「大量破壊兵器の拡散」と「国際テロ」にいかに対応するのか、その指針がまったくみられなかったことは残念でした。わずかに「国際テロ」への対策として情報収集・分析強化には触れたものの、対応行動については述べられていません。また、中国を含む世界中の国が展開している三戦（広報宣伝戦・心理戦・法律戦）にはまったく触れず、これに対応して日本側がなすべき三戦についても記述はありませんでした。

確かに、現代の日本の脅威は「大量破壊兵器の拡大」と「国際テロ・ゲリラ」なのです。国家安全保障戦略を受けた25大綱で、この二大脅威が自衛隊の編成・装備・運用に関わりのないもののように読めたのは、大本の戦略のせいだといわざるを得ません。

この戦略は、二〇一五年一月に入って表面化したイスラム国人質事件を予測していなかったし、ましてやこういう場合の基本的対応方針をも示していませんでした。あのような事件に外務省と一部の外事警察だけで対応しようとするということは、この戦略に軍事的考慮がまったくなかったということです。つまり、日本の戦略は相変わらず「軍事抜きの戦略」だということなのです。

四●教育訓練と人事

基本教育

ここでいう教育とは、自衛官個人に対してその職務に応じた基礎となる知識と技能を付与するものです。この教育は第一線の部隊でも行われるし、自衛隊内の各種学校や教育専門の部隊でも行われています。

自衛隊教育の中で最も自衛隊らしい教育といえるのは新隊員教育です。いわゆる幹部候補生や曹（下士官）候補者として入隊する者を除き、一番下の階級（2士）からスタートしようとする中学・高校・大学卒の青年たちは、男女ともにこの一般部隊または教育専門部隊内に設けられる新隊員教育隊で入隊式を行い、自衛官としての宣誓をします。そして、通常は三カ月の新隊員前期教育（共通）を受け、その後自分の職種が決まると職種に関する新隊員後期教育（職種）をさらに三カ月受けます。

新隊員は、この六カ月間で色々なことを身に付けますが、そこでの教育における最も重要な目的は、団体生活を体験することによって、他人と折り合って生きていく習慣、つまり社会性を身に付けさせることです。

少子化時代である現代の青年たちの七、八割は長男または長女です。いずれも学校生活は体験していますが、ほとんどが一人部屋で育てられた人たちです。

新隊員教育では、そうした青年たちをいくつものベッドを並べた大部屋で寝起きさせます。ここでは団体としての成果とともに、それに対する個人の寄与を評価します。

新隊員たちは、団体生活の中で「人間（自分）というものは常に被害者であり同時に加害者である」ということを自ずと知ることになります。そして、苦しい団体生活での役割分担を分け合いながら気持ちの良い仲間意識を作り上げ、その教育終了の際には区隊長（教官）を胴上げし、涙を流して友と別れ、各部隊に分かれていくのです。この新隊員教育こそが、全自衛隊員の基礎中の基礎をなすものなのです。

一方、一般大学を卒業して初めから幹部候補生として入隊した隊員は、幹部候補生学校で初めて自衛隊の教育を受けるのですが、ここでの教育も新隊員教育と同様の目的と様式を持っています。なお、防衛大学校教育の中でも、その要素が多分に残されており、土・日・休日以外は原則として外出できない四年間の学生舎生活が陸・海・空幹部共通のリーダーシップ・フォロアーシップを養成するものとされています。

また、ラッパ集合教育、レンジャー集合教育など、大きな部隊（連隊、師団、方面隊等）がその部隊の隊員を一定の期間集めて教育をし、特技を有する隊員を育成することもあります。さらに、これらとは別に自衛隊では陸・海・空それぞれに、いくつかの学校を持っています。

陸上自衛隊の場合、各職種（歩兵＝普通科、砲兵＝特科、工兵＝施設科、通信科等々の兵科）

に応じ、職種学校という教育機関を保有しています。ここでの教育は、各職種の特技に関わる知識と技能を付与するものです。隊員は卒業して部隊に戻ると、その特技を活かす専門ポストにつくことができます。

また、職種学校とは別に先述の幹部候補生学校や幹部学校というものもあります。幹部学校では将来、職種の枠を離れ、共通部門の管理職を勤める上級幹部（指揮官幕僚要員、高級幹部、技術高級幹部等）になるための知識・技能を教えています。

幹部候補生学校には、防衛大学校を卒業した者全員と一般大学卒業生で一般幹部候補生試験に合格した者、さらには陸曹（下士官）で部内の幹部候補生試験に合格した者などが入校します。

幹部学校指揮幕僚過程には、二尉〔中尉〕以上の中堅幹部が試験で選抜されて入ります。技術高級過程には、修士・博士号等を持つ技術系幹部が試験を受けて入ります。高級幹部過程には、将来高級幹部（将官）になるであろうと思われる隊員を人事担当者が選考して入校させます。ある種の登竜門といってもいいでしょう。

こうした教育制度は多少の違いはあれ、陸・海・空とも同様で、諸外国でも同様です。

なお、後述する人事にも関わることですが、諸外国の陸・海・空士官学校（日本では防衛大学校に相当）の卒業生や一般大学卒の将校は、二二、三歳で少尉になって、四五、六歳の中佐で退官するというパターンが基準とされています。彼らが少尉になったときの目標は、世界一の大隊長・艦長・飛行隊長になることであり、その職務は部下たちとともに戦車や艦艇や戦闘機に搭乗して自らも一兵員として戦うことであり、いわば侍大将のようなものです。米国ではこういう人をフィールド・オフィサーといいます。そして、そういった仕事には体力を要するので、一般に四五、六歳で退官するのが原則となっているわけです。各国ではそうしたことを理解し、退官した将校には会社勤めの人たちとは比較にならない高額の年金を与えています。中佐以上での退役将校は、「カーネル」という称号を与えられ「軍人として全うした人」として社会から尊敬され悠々自適で暮らし、町長や議員といった名誉職を勤めるようです。しかし、自衛官の場合は諸外国のようなわけにはいきません。

自衛官の年金制度は、他の公務員と同様に自らの月給からの天引き積み立て方式で、戦前の恩給制度とは基本的に異なります。そして公務員の定年は六〇歳ですが。自衛官は帝国陸海軍や現在の諸外国の軍隊の例に合わせて若年定年制をとってきました。当初は幹部(将校)および曹(下士官)は五〇~五二歳で定年だったのですが、そうすると年金の積立金が足りないし、年金支給開始年齢は公務員と同じ六五歳ということになっているので、それでは退官後の生活がとてもできません。そこで定年を逐次延長し、現在では退官年齢を五三~五五歳程度とし、年金支給開始年齢も減額支給という制度を用いて六〇歳からとしました。それでも生涯収入という点では警察官や他の公務員に比べて劣るので、防衛省・自衛隊は自衛官の再就職活動や特別給付金制度の改善に今も努めています。

さて、アメリカなど諸外国の軍隊でも、当然のことながら大部隊の指揮官幕僚たる高級幹部は必要です。そして、そうした大佐以上のポストに就く人々には、また特別な教育をする必要があります。概ね少佐あたりで将来高級幹部になる素養のある将校（中佐に必要とされる野戦の仕事も十分にこなせる資質を有した者）を少数ながら選んで特別課程に入れて教育します。自衛隊ではこの種の教育は幹部学校・防衛研究所等、防衛省内部で教育してきましたが、アメリカ軍では軍隊内の学校教育に加え、軍が学費を出して一般の大学院の修士・博士課程で勉強させることもあります。最近のトップクラスの将軍たちには、修士号や博士号を持った人が多くなっています。自衛隊でも現在はこうした教育方法を少しずつ増やしているようです。

練成訓練

軍事組織において、訓練とは必要不可欠なものであり「戦闘行為」を構成する一部であるということもできます。訓練なくして戦闘はできないというのは、軍隊における常識です。現実に、自衛隊でもその発足以来、一五〇〇人以上の隊員が訓練中に命を落としています。戦闘というものを広義に解釈するなら、彼らは歴とした「戦死者」です。

若い時代に「自衛隊員は給料もらって、いつも何をやっているのか」という質問をよく受けました。当時から災害派遣は時折ありましたが、いわゆる行動命令に基づく行動というのは一年のうちの数日という程度のものでした。残った日時の多くは、訓練と実務でした。自衛隊員の実務とは、自分たちの駐屯地を守る警衛、食事づくりの手伝い、草刈り清掃といった類の自衛隊員の生活に関するものです。また、後方兵站部隊は本来戦時において後方兵站の任につくものなのですが、平時においても訓練・実務に励む第一線部隊のために後方兵站支援をしなければなりません。ですから、後方兵站部隊は時に「有事兵站活動」の訓練をするにはしますが、基本的に日頃は平時の実務に忙しく「実務が訓練なのだ」という気持ちで過ごしています。

ということで、私も若い頃は「お前たちは給料もらって遊んでいるのか」といわんばかりの質問をされると、「我々は毎日訓練をしているのだ。訓練をして部隊を強くすることが抑止力になり日本の平和を守っているのだ」と言い返したものです。ですが、当時の一般社会の人たちにはなかなか理解してもらえませんでした。

平和な時代の自衛隊にとっては「戦争をすること」が仕事ではなく、「戦争ができるように訓練して戦争をなくすこと」が仕事なのです。

ところで、訓練は各個訓練と部隊訓練に分けられます。学校や教育部隊で各個人が身につけた特技などに関する知識・技能はすぐに忘れてしまうものです。これを部隊でさらに何度も訓練し、個人の練度を維持・発展させるのが各個訓練です。同じ特技の人たちを集め、教官・助教をつけて要点を教え、何度も動作を繰り返し、何ごとも基本通りかつ早く確実にできるように訓練するのです。

小銃など一人で操作する兵器を担当する兵士が射撃訓練をするのは各個訓練ですが、迫撃砲など何人かで扱う兵器の射撃訓練は部隊訓練です。装薬を準備する者、弾丸を準備しそれを砲に差し込む者、弾着を見て照準の修正判断をする者、修正量を計算する者、それに応じて砲の角度を修正する者、そしてそのすべてに号令を掛けて指揮する者と、一門の砲に何人もの隊員が関わっています。部隊訓練とは、このようにチームプレーとしての練度を上げるものなのです。

なお、同じ小銃射撃でも複数の隊員が並んで前進しながら行う戦闘射撃という訓練は、他の小銃手と連携するため部隊訓練の範疇になります。部隊がより大きくなり、中隊訓練や連隊訓練となると、各個人の動作よりも他隊員や他部隊との連携、各部隊の指揮官の指揮命令が重要になってきます。ということは、部隊訓練とは別に厳しい各個訓練をも着実に実施しなければならないということです。

部隊では隊員も指揮官も共同部隊も年中変わるので、部隊訓練が完成するということはありません。その時のメンバーで最大の能力を発揮できるように常時訓練し、備えていなければならないのです。

訓練は実戦（践）的に行わなければならない、とよく指導を受けたものです。お芝居のような訓練ではだめだということであり、本当にその通りなのですが、実際にはなかなか難しいことです。かつての軍隊の訓練では仮想敵や戦う場所を想定し、そこで勝つためにはどういう戦い方をしたらいいかをテーマとして、やや長期固定的に定めました。これをドクトリン（教義・教条）といいます。このドクトリンは、その国の戦略から生まれるものです。帝国陸軍は日露戦争以後、敵はロシア（ソ連）軍、戦場は蒙古・満州と決めつけ、極めて効率的な訓練に明け暮れました。そのため、訓練では精強な部隊だったようですが、南の島で米海兵隊と戦うことになると、それまでの教条に基づく訓練は何の役にも立ちませんでした。現在は、この先どんな敵が現出してどこで戦うのかが不明な時代です。であるならば、若干効率性は落ちてもオールラウンドに構え、どのような敵に対しても、どこででも戦えるようにしておくことが必要なのではないでしょうか。一般隊員は、自分が持つ装備の能力を各個に、また他者との連携の下で完全に発揮できるよう、またできれば特技の種類を一つだけでなく二、三に増やし、さらには長期の行進・宿営に耐える体力・気力を付与すべく訓練すべきです。そして幹部（将校）には、あらゆる戦術行動を指揮するばかりでなく、災害派遣でも治安行動でも指揮できるという幅広い能力を身に付けさせるための幹部教育を施し、また状況に応じていかようにも対応するという柔軟で強靱な精神力を訓練によって付与すべきではないでしょうか。

いずれにせよ、日頃訓練していないことを実行することはできません。一九七〇年に政治家の方々は国民相手の治安行動はすべきではないと考え、自衛隊が治安行動について検討することをやめさせ、それ以降訓練もするなといいました。それ以来、自衛隊は治安行動に関する訓練を行っていません。ですから、今、治安行動をやれ、といわれてもおそらくできないでしょう。しかし、現在のようなテロ・ゲリラこそが世界の脅威だという時代に、それでいいのでしょうか。一九九五年三月のオウム真理教の地下鉄サリン事件は、世界で初めての都市における大規模な生物化学テロでした。その時テロ攻撃後の除染活動はできましたが、テロそのものの排除行動はできなかったのです。そして今も日本ではテロに対する治安行動の訓練はなされていません。二〇一三年に出された日本の戦略の中にも、テロ・ゲリラに対する備えについての指針はほとんどありません。自衛隊の戦闘やその訓練は、戦略の埒外に出ることを許されません。果たして、今のままでいいのかどうか、真摯に考える時だと思われます。

人事

人事とは統率のための重要な一手段であり、自衛隊の隊員たち一人ひとりに生き甲斐を与え、彼らが自衛隊さらには国家に対して献身的な仕事をしてくれるようにする施策です。

以下、そのうちの重要なものについて述べます。

自衛官人事の中では補任（昇任・補職）がいつも問題になります。確かに歴史を振り返って見みるとき、この補任の結果が時代の流れを変えたということがよくいわれます。

自衛隊での昇任は、入隊後の学校等での成績と部隊での上司の人事評価によって決められています。上司の部下に対する人事評価は、戦時中なら戦果で評価されるべきでしょうが自衛隊の実行動の機会は少なく、災害派遣などについては部隊によって違うため、一般的には訓練実施評価・実務成績が人事評価に代わることになります。しかし、これも部隊によって実情が異なるため、全国的に人事評価しようとすると、どうしても学校の成績というものが基準にされがちです。幹部の場合は幹部候補生学校卒業時の席次、幹部初級過程、幹部中級課程での席次が基礎になるといわれています。一方、防衛大学校や一般大学での成績はまったく関係ないものとされています。そのため、特に防衛大で成績の良かった隊員からは時々文句が出ているようです。海上自衛隊幹部の場合は、帝国海軍と同じで江田島、すなわち海上自衛隊幹部候補生学校の卒業席次（いわゆるハンモックナンバー）のみだという噂もありますが、陸上自衛隊出身の私にはよくわかりません。

それでは部隊上司の人事評価に意味はないのかといえば、そういうことでもないようです。部隊で極めて評価が高く激賞されるような隊員が、さらに上の上司の同意を得て大抜擢されることも間々あると聞いています。逆に、事故を起こしたり私的行動で仲間内から非難されたりした隊員は、それまでの席次が高くとも序列を下げられ、その後はなかなか評価を回復できないということもあるようです。この辺は、どの官庁や会社とも大差ないものと思います。

学校成績ではなくもっと部隊での勤務実績を重視せよ、という意見はかねてからあるのですが、多数の、しかも離れて勤務する人たちの勤務評価の比較は難しく、一方、教育の項で述べた新隊員教育や幹部候補生学校などの成績は人間評価として比較的信用できるものなので、それをベースに評価することはある程度仕方がないとも思われます。

自衛隊人事の良いところは、情実人事（いわゆるコネによる人事）がほとんどなく比較的公平であるところだと、私は考えています。

補職（職務を付与すること）は、本人の希望と各部隊からの人事要求を勘案しながら各級部隊の人事担当幹部間で調整され、決められていきます。昇任の失敗は本人の努力によって取り戻すことができるでしょうが、補職の失敗は時に本人に致命的な打撃を与えかねません。それだけに人事担当幹部は慎重に事を運ぶのですが、よかれと思って調整した補職の末に、「この上司にだけは仕えられない」「この部下だけは使いきれない」という残念な結果がよく現出します。しかし自衛隊の幹部人事における一任期は長くても三年ですから、一生その人と付き合うことはありません。人事異動のほとんどない小さな役所や会社よりははるかにいいと諦めるしかないのでしょう。

なお、幹部人事（昇任・補職）については、その多くが大臣発令となっていますが、ほとんどは各幕僚監部が準備し上申するかたちとなっています。そのうちのいくつかが差し戻されることもないではありませんが、ほとんどはそのまま決裁されることが多いようです。さすがに幕僚長人事あたりになると、内部部局や大臣本人からの提案もあると聞きますが、大臣決裁なのですからこれは当然のことでしょう。

ところで、自衛隊はその発足以来、隊員募集で苦しんできました。警察予備隊ができた時は不景気で若者があふれていた時代でした。そのため、初めての隊員募集の時は苦労なく全国から多くの優秀な青年が集まったのですが、その後景気がよくなり自衛隊に経済的魅力がなくなると、隊員募集は自衛隊最大の難事となりました。警察予備隊員時代の募集は全国各市町村役場にお願いして実施していたのですが、自衛隊員募集となると市町村役場は頼りにならず、自衛隊は地方連絡部（現在は地方協力本部）を使って自ら募集を始めました。その時々の経済状況によって異なりはするのですが、総じて自衛隊は募集に苦労し続け、今もなお苦労しています。パチンコ屋などにたむろする青年たちをなだめすかし、説得して入隊させるなどということもありました。こうした募集担当者一人ひとりの涙ぐましい努力の積み重ねによって、これまで何とか定員を概ね保ってきたわけです。

それにつけても新隊員教育の力は大きく、自衛隊が国民の九〇％から「信頼できる組織」だと認められるに至った現在、私は募集や教育に当たった多くの仲間たちに心から感謝しています。

隊員への処遇改善の問題は、自衛隊自身として努力を続けており、かつてより相当改善したとは思います。しかし、古い歴史を持つ警察などに比べ、まだまだ不十分であることも確かです。給与体系、居住環境、子弟教育、就職支援、家族支援等の面での一層の改善が期待されます。

五●後方兵站

東日本大震災で活躍した自衛隊

東日本大震災で東北地方に集められた約一〇万人の自衛隊員（延一〇〇〇万人を超える）がいかに活躍したかについては、様々な報道によって良く知られているところですが、その中で、後方兵站部隊に関わる隊員・幕僚たちの活動ぶりについては意外に知られていません。

後方兵站の役割は、前方第一戦で働く自衛隊員たちの戦力を維持することにあります。具体的には、食料、燃料、弾薬等を後方から常に前方へ送り出し、第一線で隊員の生活環境を整備し、疲労や病気を癒し、戦力を回復・持続するための様々な行動をとります。

後方兵站部隊がこうした行動をとるのは、本来は自衛隊の戦力維持のためですが、先の大震災のような場合には、地震・津波・原発事故による被災者の方々の生活力の維持・回復が加わるため、大量にして多様な物資の調達・集荷・輸送・中継・配達・整備等が必要となります。

実際には、それらを各方面隊にある補給処と方面輸送隊、関東地方にある各物別中央補給処、そして中央輸送業務隊、さらには各駐屯地にある業務隊といった部隊が手分けをして支援しました。

被災者の支援で最も大変だったのは、全国にわたる輸送の調整・統制だったと聞きます。たとえば九州で、県民が寄付した慰問品を県内のどこに集め、それをどういう便でどこに運び、その後どう中継して最終的には誰に分配するのかという一連のオペレーションを、どこの官庁も民間会社も引き受けられません。そこで、自衛隊の統合・陸・海・空幕僚監部が調整し、最も難しい端末地（中継場所）業務を陸上自衛隊中央輸送業務隊の隊員が実施したということです。

陸上自衛隊輸送部隊の輸送力はトラックが主体ですが、その輸送能力は民間大手の運送会社に敵いません。しかし、この輸送隊の幹部たちは、陸海空の輸送部隊同士は無論のこと、鉄道、船舶、航空機、トラック等の民間の輸送会社や物資の積み替え作業を行う会社の人たちと、それぞれの現地で調整しながら荷物の積み込み、積み卸し、仕分け、分配等を円滑に行う能力を持つ、高度に訓練された人々です。

ともあれ、このように部隊運用のスケールが大きくになればなるほど、自衛隊後方兵站部隊の重要性は増します。

帝国陸軍が後方兵站を軽視したことは、南方戦線の戦死者の死因に餓死が最も多かったことで証明されています。こうした歴史に対する厳しい反省のもとに、自衛隊は今後も後方兵站の充実を図っていかなければなりません。

PKO等海外勤務の増加

自衛隊は、世界各国の軍隊と比較すると後方兵站部隊が小規模です。昭和二〇年代、アメリカは日本にアメリカ陸軍方式で三二万人の陸上自衛隊を編成するよう要求しました。資金のない日本はそれを二四万人に値切りました。結局、一八万人の陸上自衛隊に落ち着いたのですが、その時の理由の一つが後方兵站部隊不要論でした。「陸上自衛隊は国土で戦う。海外で戦うアメリカ軍のように厖大な後方兵站部隊を持つ必要はない」とある帝国陸軍出身の知恵者が言ったということです。海外へ出て戦った帝国陸軍でも、第一線戦闘部隊が後方兵站部隊より大きかったのですから、後方兵站部隊が戦闘部隊より大きいアメリカ陸軍が異様に見えたのも止むを得ないことだったのかもしれません。

しかし、今、自衛隊はＰＫＯ（平和維持活動）などで海外に行くケースが増えてきました。Ｐ

ＫＯには戦闘部隊は出さず、これまでと同様引き続き後方兵站部隊を出すとのことです。公明党も今までのように「どこまで行けば武力行使と一体化するか」などという議論はしないといっています。

とすれば、今後はますます自衛隊の後方兵站部隊が遠い海外へ行く機会が増え、それだけに後方兵站部隊の増強が要求されることとなるでしょう。

「後方兵站部隊は後方にいるので安全である」というのは正に神話です。後方兵站部隊は防御力が弱いので、敵方からすれば格好の攻撃目標となります。また後方兵站部隊が叩かれれば戦闘部隊の士気は下がり、戦闘力も確実に落ちます。ドイツはアフガン多国籍軍に後方兵站部隊だけを派遣したのですが、五〇名以上の戦死者を出し問題になりました。

今後、自衛隊後方兵站部隊には、対空・対人戦闘力を付ける必要も出てくることになるでしょう。ＰＫＯに出動する後方兵站部隊は新しい時代の尖兵であり、また対テロ・ゲリラに備え、普通科部隊以上に精強なライフルマン部隊を兼ねていかなければならないのかもしれません。

六●装備

オールラウンドな装備体系を

一般に、「これさえあれば」という装備を人々は求めがちです。最近はミサイル時代だということで「ミサイルと対空ミサイルさえあればいい」などという人もいます。しかし、先に「情報」の章で「機械情報が発達すればするほど人間情報が大事になる」と述べましたが、装備品についても実は同じことがいえるのです。

私は戦車兵でしたが、若い頃から「もう戦車などという兵器は要らない」という意見の中で育ってきました。自衛隊を辞めて二〇年も経った今でも、そうした討論会に呼び出されることがあります。そこで出される「戦車不要論」の理由は「あの戦車王国、ドイツが戦車の両数を減らした」、「帝国海軍は大艦巨砲主義にこだわって負けた。戦車は陸における大艦巨砲だ」、「日本の海岸に戦車で上陸できるような国はない」といったものです。それらの議論は、私などからすれば直ちに論破できるものなのですが、こんな論議がマスコミや政治家、時に一部の元自衛官にまで浸透している現状は困ったものです。

巨砲はミサイルに代わりました。確かにミサイルは発射時の反動がないので、それを載せる艦艇は大艦である必要はありません。しかし、巨砲に代わる火力であってもその機能の重要性は変わりません。したがって、ミサイルを積んだ艦艇はなお必要なのです。装備の一部は代わっても、その果たしてきた機能は変わらないのだということをまず理解しなければなりません。

馬に乗った「騎兵」は、大昔から「歩兵」や「弓兵」とともに戦闘において重要な機能を分担してきました。時代が移り弓が大砲に代わると、「騎兵」は「砲兵」に敵わなくなります。そこで世界の陸軍は、「戦車」を以て「騎兵」の機能を果たさせるようになりました。

しかし、最近では対装甲ミサイルといった近代弓兵が出現したことによって戦車の優位性が失われつつあり、アメリカ軍は戦闘ヘリコプターを用いた「空中騎兵」をつくりました。ところがこの空中騎兵にはいまだに問題があり、戦車を中心とする装甲騎兵に完全に置き換わるものとはなっていません。そして、その間に戦車そのものも改善され、小さな対装甲ミサイルには負けないようなものになってきています。カナダ陸軍はいったん戦車を捨てたのですが、装甲車が対装甲ミサイルでつぶされた体験に懲り、かつての戦車王国ドイツから戦車をリースで借りてアフガニスタンで戦いました。

その昔、日本社会党の石橋書記長は「核兵器時代に通常兵器の自衛隊など無意味だ」といいました。しかし、その時代においてさえ、この発言は無意味でした。そして今、逆に「核兵器など無意味だ」という意見があります。実際には「核兵器」も「通常兵器」も政治・外交における背景をなす要素として重大な意味を持ち、それぞれに兵器としての「所を得ている」のです。

これらの兵器（装備）は、互いにそれを使わないようにするために存在するのですが、どんな兵器がどこで、いつどのように使われるかは不明です。数量の問題については別途検討する必要がありますが、装備の質はオールラウンド、すべて整えておくというのが正道なのです。

なお、核兵器による抑止という面についていえば、現実に保有しなくても保有できる能力を持ち続けるということで日本は対応すべきだと私は考えます。

輸入装備と国産装備のバランス

陸・海・空自衛隊は、その発足当初からアメリカ軍供与のアメリカ製装備品を使用してきましたが、昭和三〇年代から陸上自衛隊は国産装備品の開発にとりかかりました。海上自衛隊は、伝統ある造船業界を活用して艦体だけは国産としました。ただし、航空自衛隊のみならず、陸・海とも航空機についてだけはアメリカ製を使用してきました。最近では航空機、ヘリコプター、対空・対地ミサイルなど、徐々に国産装備が増えてきましたが、戦闘機用の大出力航空機エンジンだけはまだ日本では開発できないようです。

輸入装備は大量生産されたものなので、同じ性能のものを比べると国産よりやや安価であり、また多数の国々の部隊が既に使用しているということから、質的な信頼性があります。しかし、その生産国の都合で急に部品が入らなくなることから、その装備の維持が困難になる恐れがあり、部品供給の面で不安定であることが欠点です。

一方、国産品はこれまでは輸出ができなかったこともあり量産が難しく、開発費分担の割合が多くどうしても割高になります。また、少量生産であることから、装備実験・部隊実験が不十分となり、ましてや実戦体験を持てないので信頼性に問題が残ります。

このように、それぞれ長短があるので、どちらかに偏することを避け、現在程度のバランスを保っていくのがいいのではないかと私は考えています。

最近、国産装備の輸出が認められるようになったことは、軍事面からみると歓迎すべきことです。特にアメリカからは多くの装備品を（多くはライセンス輸入というかたちで）取り入れていることから、アメリカの都合で部品補給に支障が出ると装備品の稼働率維持が不安定になります。したがって、そのカウンター・バランサーとして、こちらが輸出をストップしたらアメリカが困るような日本独自の高度な技術開発を進め、アメリカに提供できるようになることが理想です。また、インド、オーストラリア、東南アジア諸国、さらにはヨーロッパ各国にも自由に輸出できるようになれば、各国との友好関係向上にも役立つこととなるでしょう。

七●シビリアンコントロール

かつての帝国陸軍には、軍政（軍事行政）担当の陸軍省と軍令（運用）担当の参謀本部という二大セクションがありました。また、海軍にも海軍省と軍令部という、若干呼称は異なるものの同様のセクションがありました。そして、陸・海軍ともに、その両部門には主として軍人を配して運営していました。

一方、自衛隊では発足以来、軍政はもちろん、軍令についてもその基本（この基本という言葉は後述のように防衛省設置法に出てくるものですが、その意味は明確でありません。多分、最も大事なこと、という意味ではないでしょうか）を司る部署として防衛省（庁）内部部局を設けています。その内部部局、すなわち内局のスタッフはすべて自衛官ではない事務官および技官によって占められています。

ここで勤務する事務官・技官たちを自衛官（武官）と区分して文官と呼ぶことがありますが、この文官が防衛の基本を握っていることをもって日本の文民統制（シビリアン・コントロール）は有効であるとされてきました。しかし、最近では文民統制の文民とは、現職自衛官を除く全国民の意を汲んだ政治家のことだとする意見が強くなり、「文官統制＝文民統制」という解釈はほとんどなくなってきたようです。

ただし、内局は「防衛および警備に関すること等の基本及び調整の事務を司る」のに対し、陸・海・空幕僚監部は「防衛及び警備に関すること等の計画立案に関する事務を司る」となっています。つまり、ともに同じような仕事を平行して進めるけれども、基本についてはすべて内局が握っているということになっているわけです。

二〇〇六年に統合幕僚監部が新たに設置され、統合部隊運用のみならず陸・海・空単一の運用をも含めて、部隊運用についてはこの統幕が司ることになったのですが、それは陸・海・空幕の運用担当の要員を集めて効率的にしたという変化に過ぎず、運用についてすべてを統幕が取り仕切るようになったわけではありません。その一方で、内局はかつて防衛局にあった運用一課・二課等をまとめてより大きな運用局となり、引き続き部隊運用の基本を握っています。各幕僚監部はその下請けになっているという点については、従前と変わりありません。

つまり、各幕僚監部は内局のお手伝い組織だといえなくもありません。内局の事務官・技官は自衛隊の現場を知らないので、防衛力整備であれ部隊運用であれ、細部にわたる計画作成、運用指導まではとてもできません。そこで、制服自衛官のお手伝いが必要となるわけで、別な言葉でいえば、内局の仕事とは各幕僚監部が作った計画が法律に違反していないかどうかを査定して、それをまとめ他省庁と調整し、政治家に報告すること、ということになります。

すると財務省の官僚や政治家の中には「内局から聞くよりも制服の各幕僚監部から聞く方が手っ取り早い」と内局をパスする人も現れます。そのため、かつては内局と各幕僚監部の間で揉めることも間々ありました。また、財務省の官僚や政治家の中には、それを逆利用して、いわゆる「ディヴァイド・アンド・ルール」で使い分け、防衛省全体をコントロールしようとする人もいました。

長い間続いた文官と武官の葛藤の背景には、武官側の「事故など何か問題が起きると、内局は細部の問題として責任を各幕僚監部にまわす」、あるいは「現場を知っている制服が下働きだけさせられ、基本のことを考えなくなり、基本のことについては無責任になる」といった不満がありました。

こうした反省をもとに、いろいろな試みもなされてきたようで、現在では私どもの時代に比べて内局と各幕僚監部の関係は良好になってきたと聞いています。

防衛省の所掌事務に関する基本的方針の策定について大臣を補佐するとされていた全員背広組の防衛参事官制度が二〇〇九年に廃止され、二〇一五年三月の閣議で防衛省設置法第十二条を改正し、以来、制服組と背広組が対等の立場で大臣を補佐することを明確にした、といった事例がその証左なのだろうと思います。

この「軍事行政」「軍事運用」の問題の他に、「軍事情報・外交」「軍事技術・開発・生産」「軍事学」「軍事司法」などの問題もあります。帝国陸海軍の時代の軍事情報・外交は陸海軍が外務省から独立して握っていましたが、現在は外務省がすべてを握っています。技術・開発・生産についても陸海軍が自ら工廠まで持って掌握していましたが、現在では主として文官・技官からなる技術研究本部が担当しています。そして、かつて陸・海軍大学が専らとしていた軍事学については防衛研究所が取り仕切り、「軍事司法」は軍事裁判所がないことから、すべて検察庁・裁判所に依頼しています。

しかし、外務省、技術研究本部、防衛研究所には本来現場に詳しい人がいないので、困ることが多いらしく、自衛隊に「お手伝いの人」を出してくれ、という要求が来ます。自衛隊側も「魚心あれば水心」でこれら「お手伝い」の人、しかも外国語のできる、あるいは修士号、博士号を持った優秀な人材を選んで派遣してきました。しかし、これらの省や機関が欲しいのは一時的な「お手伝いさん」であって、その組織の主流の人を育てていこうという話ではありません。ほぼ三年ぐらいの期間で「お里へお帰りください。後は三年ぐらい後輩の優秀な人をまた派遣してください」となります。しかし、このような現状では軍事情報・外交や軍事技術・開発、軍事学等の専門家は育ちません。

こうした情報、技術、軍事学といった分野の話に比べると、各幕僚監部が内局、すなわち軍事行政本部のお手伝い機関になっていることの方がまだましだともいえます。無論、帝国陸海軍のようにすべての分野に軍人が入り込み全責任を持つようになれば、軍事的には効率がいいのでしょうが、帝国陸海軍時代の組織的な問題、そして結果的に国を破滅に導いたことに対する反省を活かすことはできません。そもそも、どのような国であれ現役の軍人が権力を必要以上に握るとろくなことはないのです。

となれば、制服自衛官に求められるものは、現在の組織の在り方に文句をいうことではなく、現場を知る専門家としてその専門事項を掘り下げ、さらにその基本にあることまでをも勉強し、僭越ながらもその基本となる事項についても責任をもって、他機関、他官庁の人々、さらには政治家に率直に進言できる能力を培うことなのでしょう。

その点、現職時代の自らを振り返ると反省しきりです。そのため、私は退官後少しばかり現職時代よりは勉強してきたつもりです。

現職自衛官の諸君は日常業務が忙しく、とても勉強し自ら考える時間などないかとは思いますが、何とか学び考えることを心がけ、また退官後にはさらに研鑽して欲しいと願ってやみません。

終　章　これからの自衛隊

変化する自衛隊の役割

世界情勢の変化に対応して、自衛隊に求められる役割も大きく変化してきています。繰り返しになりますが、現在の自衛隊が求められている任務は次の三点です。

① アメリカ主導の一極秩序を維持するためのバランスウェイト（重石）、あるいはバランサー（釣り合いを取る機能）となること

② 各国との共同による世界秩序を崩す勢力の排除

③ 世界秩序が崩壊した時への準備

①の任務は、アメリカ軍を中心とする諸外国の軍と多国間訓練を活発化し、多国間の相互運用性を高め、すなわち多国籍軍としての即応性を保持して、世界の秩序を乱すような勢力の出現と戦争の発生を抑止することです。ＰＫＯへの参加も、当然こうした世界秩序の維持のための活動

といえます。
②は、現実に発生した脅威に対処する軍事行動であり、近年では最も発生する公算が大きいものですが、これも優れて国際的な活動です。テロ・ゲリラは、既に国境を超えて展開されているし、イスラム国のように非国家的な組織が既存の国家に対抗し、国境を越えて支配地域を持つ例もあります。この種の新たな脅威は、いつ、どこから、どのように出現するのか、把握することが極めて困難です。軍事的対処としては、まず情報交換から始まるわけですが、通常、諸外国と共同で対処するという前提がなければ、情報交換は実を結びません。この役割は、①の役割と比較すると、従来は各国が国内の問題として個別的自衛で対処する可能性が大きいとされてきましたが、脅威のグローバル化とともに一国では十分に対処できない例も出てきています。そうした場合、各国が協力すれば、より効率的に対処できます。そして、諸外国の力を借りるということは、こちらも手を貸さなければならないということです。各国との間で条約を結び、集団的自衛権を活用する方法もあるのでしょうが、それでは繁雑です。したがって、いずれはアジア太平洋地域でもNATOのように集団的自衛・集団安全保障という二つの役割を担う、アメリカを中心とした組織が必要になるのかもしれません。これは①の役割とも重なり合うことになります。
③の任務は①、②と異なり、現実的に直面しているわけではない仮定の話です。アメリカが主導してきた現在の世界秩序が崩壊した場合、あるいは天変地異のために各国との協調などとはいっていられない場合を想定した場合ですから、これについて具体的に語ることは特にありませ

ん。日本としては、そうした秩序の崩壊が起きないように、①や②の任務の完遂に努力していかなければならないでしょう。しかし、いつの日か最悪の状況下で個別的自衛だけで生き延びなければならなくなった時、最後の頼りとなるのは自衛隊です。そう考えると、何よりも人材の育成と技術開発が重要になります。具体的な兵器を揃えるとか、部隊の編成をどうするかという話よりも、どのような状況にも対応できる人と技術を備えておくことが、防衛力の基礎となるのです。

日本の防衛力整備を考えると、現在はハードよりもソフトが重要になっています。人材や情報ももちろんそうですが、自衛隊が行動する上での法律や運用規則の整備も必要です。

集団的自衛権をめぐる議論はこれからも続くのでしょうが、防衛には「個別的・集団的自衛により直接身を守る直接的防衛」だけでなく、「集団安全保障によって世界平和をつくり、その恩恵を享受する間接的防衛」という二つの形があることを知っておく必要があります。海外派兵というと、すぐに「侵略」という短絡的な連想をする人たちがいますが、戦前と現在とでは世界の構造は変化しているし、その中で軍事力の役割も変化していることを理解していないと、世界各国との議論はすれ違うばかりです。

「自衛」を超えて

憲法改正をめぐる議論の中で、自衛隊の名称を変更すべきだとする話があります。自民党の憲法改正案では「国防軍」となっています。長い間務めた組織ですから、自衛隊の名前には愛着がありますが、私も改称する時期に来ていると思います。

自衛隊は憲法によって「個別的自衛における必要最小限の武力行使」のみ認められる武装組織として生まれました。その趣旨を強調するために、自衛隊と名付けられたのではないかと思います。それ以来、われわれ日本人は「防衛」とは「自衛」のことであり、自衛以外はすべて侵略だと思い込んでしまったようです。しかし、この考え方は間違いです。

国連憲章を読むまでもなく自衛は防衛の一手段であり、しかも止むを得ない場合の方法です。もちろん米ソ対立の時代には集団安全保障がよく機能しなかったので、自衛が防衛の主体でした。しかし、現在は各国が協力して世界の平和を維持・拡大する集団安全保障（国際安全保障）の時代です。

集団安全保障というと、すべて国連絡みのものと誤解する人もいますが、必ずしもそれだけではありません。北朝鮮をめぐって断続的に開かれている六カ国協議も協調的集団安全保障というべきものだし、安全保障理事会の武力行使容認決議なしに実施されたＮＡＴＯのコソボ爆撃や有志連合によるイラク攻撃も自衛や侵略ではなく集団安全保障に基づく軍事活動といわれています。また、最近では欧米だけでなく中東の国も加わったイスラム国に対する攻撃などでは「有志連合」という言葉がよく聞かれます。その他、自衛隊の活躍でも話題になった各種の国連平和維持活動（ＰＫＯ）、イラク復興支援、インド洋津波支援、パキスタン震災支援などの行動はいずれも自衛ではなく、広い意味での集団安全保障活動です。

この集団安全保障と自衛の両方、つまり防衛を担当する武装組織を各国では軍と呼んでいます。そして、それが世界の常識です。冷戦時代に生まれたＮＡＴＯは、かつての西欧諸国の連合から東欧へと拡大され、いまだに健在ですが、そこに所属する各国軍は今や自衛よりも集団安全保障のための集団的措置に寄与することを重視しています。

一方、日本では周辺環境がなお厳しく、防衛における自衛の重要度が欧米に比べて高いことは確かです。しかし、だからといって「日本の軍隊は自衛以外のことはやりません」といわんばかりの利己的な態度をとり続けて済む時代ではなくなってきています。

昭和三〇年代にアメリカに留学して「我々はアーミーではなく、グランド・セルフディフェンス・フォースです」と言ったらアメリカ軍将校たちに嗤われ、あまりにも腹が立ったので帰国後すぐに自衛隊を辞めた人がいました。これほど極端な例はあまりないでしょうが、外国の軍人に「なぜ、自衛隊などという奇妙な名前なのか」と尋ねられた自衛官は数知れません。そう聞かれた場合、多くの自衛官は「我々は他国を侵略しないからだ」と答えるのですが、相手の外国軍人は「我々だって侵略はしないよ」と言います。いわれてみれば、世界の多くの国々が日本国憲法第九条第一項と同じような「不戦」規定を憲法の中などに定めているのです。

日本語をはじめ、ドイツ、ロシア、中国語では、国家が国家を守る「自衛」と、個人が個人を守る刑法上の「正当防衛」を別の言葉で表現しますが、イギリス、アメリカ、フランス、スペインの各国語では、両方とも同じ言葉で表現します。英語では自衛も正当防衛もセルフディフェンスなのです。ちなみに、護身術はアート・オブ・セルフディフェンスです。

外国の軍人は、一般に軍隊に関してセルフディフェンスという言葉を使いません。それは「自分自身（軍）を守ること」、すなわち「護身軍」と誤解されてしまうからです。だから、ディフェンスフォースはあっても、頭に「セルフディフェンス（自衛）」を冠した軍隊は、日本の自衛隊を除き世界中ひとつもありません。

憲法改正論議では当初、自衛隊を「自衛軍」にしたらどうかという話もありましたが、これを英語にしたらどうなるのでしょう。「軍」にはアーミー、ミリタリーフォース、アームドフォース、フォースなどといった言葉がありますが、アーミーとミリタリーには陸軍という意味もあるので、海上自衛隊は認めないでしょう。また、「セルフディフェンスアームドフォース」だと、あまりにも名前が長くなってしまいます。そして、「セルフディフェンスフォース」を使えば、現在と同じ名前（すなわち自衛隊）になってしまいます。やはり世界共通のアーミー（陸軍）、ネイビー（海軍）、エアフォース（空軍）が簡潔かつ一番わかりやすいのではないでしょうか。さらに、まとめて「軍」という時には「アームドフォース」でいいわけです。

思えば、「自衛隊」という奇妙な名称の軍隊ができたのは一九五四年、戦争の悲惨な記憶がまだ冷めやらぬ時代でした。この自衛隊という名には、外国からどんなに馬鹿にされようとも、少なくとも日本だけは二度と侵略戦争をしないという国民の強い想いが投影されていたのでしょう。当時の日本人の感性を考えると、それはそれでよかったのだと私も思います。当然のことながら、戦後七〇年、どんなかたちであれ自衛隊が侵略に動員されたことは一度もありません。

しかし、戦後の世界では、いくつかの戦争を経ながら、主要国の軍隊の機能、その存在意義が大きく変化しています。現在の世界では、軍隊は侵略のためではなく戦争抑止および世界秩序維持のために存在するということは、ほぼ常識となっています。

一般に、政治家は波風を立てることを嫌うので、「自衛」という言葉を付けておけば国民は何も言わないだろうとでも思っているのでしょう。ただ、もう姑息な逃げを打たず、「軍」という言葉の真の意味を国民に対して丁寧に説明すべきときではないでしょうか。もっとも、左右を問わず政治家の中にも不勉強な人たちがいるのも事実なのですが。

いずれにせよ、もはや海外に対して「自衛にしか関心はない」という考え方は通用しない時代となっています。そうした考え方は、世界の平和はどうでもよく自国だけ安泰であればいいということと同義です。もちろん、それぞれの国家はそれぞれの国益を有し、自国の利害を中心に考えます。しかし、だからこそ世界の平和に寄与しようとするわけです。つまり、世界の平和なくして一国の平和はない、そういう時代となっているのです。

世界の主要先進国は、軍というものが持つ意味と役割をよくわかっています。現代における世界共通の脅威にどう対処していくのか、そのために軍事力が必要とされる場面があることを理解しているのです。「自衛」という言葉に引きこもり、世界の平和に貢献する義務から逃げるようでは、日本は軽蔑されるでしょう。

今、何よりも大切なことは、世界から孤立する「一国平和主義」を正し、自衛隊を国際社会の一員として国際秩序の安定に寄与する軍にすることだと私は考えています。

陸上自衛隊への期待

私は陸上自衛隊で約三五年を過ごしてきました。陸上自衛隊は、海上自衛隊、航空自衛隊に比べると地味な印象もあり一般に人気がありません。また、アメリカ軍がイラク・アフガン作戦における人的消耗に懲りて、陸軍を削減しようとしていることがその不人気に輪をかけていることも確かです。しかし、勝手といえば勝手な話なのですが、アメリカはその空隙を埋める役割を、各国の陸軍力に期待しています。そして、現代は対テロ・ゲリラの時代であるが故に、世界の陸上戦力の役割が見直されていることも事実です。

ところで、最近軍事をよく知らない国際政治学者やジャーナリストの方々が「イギリスは日本と同様の海洋国である。そのイギリスは一〇万の陸軍を九万に削減しようとしている。しかるに、同じ海洋国である日本が一五万もの陸上自衛隊を保有しているのはおかしいではないか。陸上自衛隊をもっと削減すべきだ」といったことを述べています。しかしながら、①イギリスの人口は日本の半分以下である。イギリスが九万なら陸上自衛隊は一八万人いてもおかしくない。②イギリス本土の向かいにある欧州大陸にはイギリス陸軍をも含むNATO軍が存在し大陸から攻められるリスクはほとんどないが、日本の対岸の大陸にはNATOのような友軍はまったく存在しない。③イギリスには正規陸軍とは別に国防義勇軍（テリトリアル・アーミー）という力は不十分ながら精神的には頼りになる郷土密着部隊がいる。それに対し日本では消防団すら形骸化しているということを考え合わせると、失礼ながらこれらのご意見にはまったく説得力がありません。とはいえ、陸上自衛隊の人員数増加が困難だということもまた身に染みて承知しています。

ではどうすればいいか。

このことを考えつつ、最後にＯＢのひとりとして、二一世紀の陸上自衛隊への期待を記しておきます。

第一に述べておきたいのは、世界秩序維持の重石、バランサーとしての役割についてです。現在の世界秩序を形成しているのは現実にはアメリカですが、アメリカの力が弱まってくるとともに、これまで以上に諸外国との連携が求められるようになります。現代の国際紛争では、様々な場面で「有志連合」が登場してきます。そのため、今後の自衛隊にとって最も重要なことは、アメリカを中心とする諸外国との多国間訓練を盛んにし、多国間の相互運用を高め、多国籍軍としての即応性を保持し、以て世界の秩序を乱す勢力の出現と戦争の発生を抑止することです。

現代の先進国が一国で戦うことはまずあり得ません。「有志連合」のような多国籍軍を形成し、各国が一体となって戦うことが増えています。グローバル化した企業と同じように、様々な国と共同して活動にあたることが一般的になっています。アメリカ軍は既に自衛隊に対して多国間訓練を盛んに持ちかけてきており、自衛隊もできるだけこれに応じようとしています。いまだに制約があるため、まだまだ不十分ではありますが、それも追々変わっていくでしょう。陸上自衛隊もPKO（国連平和維持活動）だけでなく、いろいろな局面で諸外国の組織と協力することが増えてくると予想されます。

そうした場面で、最も大切なことは「精強性」と「国際性」です。すでにイラクなどでのPKO活動の実績からみて心配ないという意見もあるでしょうが、これまでのように選ばれた隊員による混成部隊ならば大丈夫ですが、第一線の部隊をそのまま海外に出すとなれば、現状のままでいいとはいえないでしょう。今後は言語も文化も異なる人たちとコミュニケーションをとりながら進める作業が増えてくるはずです。団結・規律・士気を含めて、新しい時代の精強性、国際性とはどんなものかをよく分析し、その目標に向かって鍛錬しスキルを身に付けてほしいと思います。

第二に、現在最も重要性を増しているのはパワーバランスをかいくぐって出てくる毒蛇、毒虫のような脅威への対応です。アメリカの9・11同時多発テロに象徴されるように、二一世紀におけるテロ・ゲリラは各国共通の脅威となっています。こうした脅威の特徴は、いつ、どこから、どのような形で出てくるのか、予測不能であるところにあります。これに対応する陸上自衛隊としては「情報網」を確立し、各部隊は「オールラウンド」にして「即応性」を持たなければなりません。IT化は当然として、各隊員は各種装備を状況に応じて使い分ける能力を持つ必要があります。

また、状況に応じて車輌、航空機を活用し、隊員自身が装備・弾薬を持って移動しなければなりません。アメリカの海兵隊のように、全員がライフルマンであると同時に多くの特技を持つという、多能的な役割を果たす兵士になるという方法も考慮すべきでしょう。全陸上自衛隊が一斉に動く必要はありませんが、完全な状態の即応部隊を常にいくつか待機させておく。これはやさしそうで、意外と難しい問題です。各隊員の精神的柔軟性と昔ながらの行進・宿営能力が、これまで以上に要求されるでしょう。

第一と第二の役割が貫徹できるのならば、一般にはそれで十分なのでしょうが、第三の役割として、現在のアメリカ一極体制の世界秩序が崩壊し、混沌とした時代になった場合への対応がありますす。それは今のところ特に準備する必要はない、という意見もあるかもしれません。しかし、この第三の役割の前提となる想定は、発生する可能性は最も低いものの、最も困難な事態です。混沌の中、最悪の状況の下で最後に頼りになるのが自衛隊だとすれば、これこそが最も大事な役割ともいえます。とはいえ、今からその最悪に備えて万全の準備をするというのは不可能だし、非現実的です。

しかし、そうであれば尚のこと、そのための基礎だけは築いておく必要があります。基礎とは「人間づくり」であり、「技術開発」です。人間の能力の中で一番大切なものは精神です。「真の国難が来た時、国を救いうる者はわれわれ以外にない」という気概と誇りこそ、今から培っておくべきものに違いありません。そして外国からの援助が期待できなくなった時、最も頼りになるのは国産装備です。すべての装備というわけにはいきませんが、本当に基幹となる装備だけは、自前で生産とメンテナンスができる体制をつくっておかなければなりません。こればかりは事態が迫ってから準備を始めても間に合わないので、三〇年後、五〇年後を見据え、今から基礎を打っておくことが必要です。

最後に、すべてを通じて最も重要な事は、第一も第二も第三の役割も、どれをとっても自衛隊だけでは果たし得ないということです。国民・地元民・友軍・ボランティア団体等の絶大な信頼と支援がなければ、自衛隊は何をすることもできないのです。

少数精鋭となった自衛隊が国民等との絆をどう築いていくのか、よく考えておかなければなりません。徴兵制を基盤とした国民軍という旧陸軍の手法は軍事的にみて必要ではないし、効果的でもありません。かつての海軍のようにエリートとして、国民に憧れを持たれる存在になるのも悪くはありませんが、陸上部隊の戦力は国民・地元民・友軍・ボランティア団体と一体になったときに倍増します。これまでの陸上自衛隊がそうであったように、これからもこれらの人々との心のこもった平素からの交流を大事にしていってほしいと思います。それは、いま求められている役割を見事に果たして、内外から高く評価される自衛隊になるということに他なりません。ひとりひとりがライフルマンであるとともに高度の各種装備を使いこなし、ロボットにはない状況判断力を持ち、国民・地元民・友軍・ボランティア方と力を合わせ、しかも部隊は団結・規律・士気を堅持するスーパーマン（ウーマン）集団になることで、それが可能になります。

防衛庁・自衛隊の原点は陸上自衛隊です。ＯＢとしては、志高く二一世紀を歩んでいってくれるものと期待しています。

あとがき　自衛隊は強いのか

「本当のところ、自衛隊は強いのですか」

そんな質問を受けることがよくあります。かつて、自衛隊で精強部隊育成に努めてきた身からすれば、「もちろん強いのです」と言いたいところですが、その答はそれほど簡単ではありません。なぜなら、「強さ」を決定する基準は多岐にわたっているからです。帝国陸海軍と比較しての話か、アメリカ軍と比較してか、近隣諸国軍との比較か、さらにいえば、隊員個々の強さか、大部隊としての強さなのか。比較対象や戦闘環境によって「強さ」の基準は違ってきます。また、戦闘機、護衛艦、戦車など装備の物理的能力なのか、武器弾薬の補給や予備兵力など人事・後方の持続力を含めているのか、あるいは精神的な側面も含めた訓練練度のことなのか、はたまた有事法制や国民による支援も含めた総力戦能力のことなのか。「強さ」について、それぞれを明確に区分して聞く人などまずいません。

しかし、「あなたのいう強さの意味がよくわからないので、お答えできません」と言うわけにもいかず、困ってしまいます。そこで、「艦艇の総トン数にして海上自衛隊は世界第五～七位の海軍、作戦機の機数でいうと航空自衛隊は世界で二〇位ぐらいの空軍、兵員の総数からして陸上自衛隊は世界で三〇位前後の陸軍、というのが静的・客観的な評価基準です。真の実力はその基準よりも上とも下ともいえるわけで、想定する戦いの場によって変わってきます」と答えることにしています。

もちろん、こうした回答では満足できず、自らの考える「強さ」の意味を解説し、さらに議論を持ち掛けてくる人もいないではありませんが、多くの場合、ここで質問を変えてきます。質問は変わっても、自衛隊の力を疑うような内容であることに変わりありません。最も多い第二の問いは「自衛隊員は実戦で使えるのですか。生命をかけてやる気があるのですか」というものです。

自衛隊員は、入隊時に「事に臨んでは危険を顧みず、身をもって責務の完遂に努める」と宣誓しています。現実に、隊員たちは極めて厳しい訓練に参加しており、安全管理に徹しつつも、残念ながら自衛隊発足時から六〇年間に一五〇〇人（年平均二五人）を超える訓練死者（殉職者）を出しています。殉職した隊員たちは、この訓練は危険な厳しい訓練だと承知した上でこれに臨み、亡くなった方々です。

帝国陸海軍は、当初訓練殉職者を戦死とは認めませんでした。ですから、一九〇二年の八甲田雪中行軍での一九九名の殉職者たちも、一九一〇年の佐久間艇長以下一四名の殉職者たちも、靖国神社には祀られていません。しかし、昭和初期から動員部隊での訓練殉職者は戦死と認められ、第二次世界大戦後半からは国内における訓練殉職者も靖国神社に合祀されるようになりました。

つまり、訓練殉職者は戦死者となったわけです。

最近の安全保障法制の変更や新ガイドラインの改訂に関連して、これらの質問とは真逆に「これまで戦死者を一人も出さなかった自衛隊から、一人たりとも犠牲者を出してはならない」という意見がマスコミ上を賑わしています。

私ども自衛隊員であった者たちにいわせると、これまた誤解に満ちた困ったご意見です。

確かにこれまで自衛隊は、国内でもよくあるような事故死の例を除き、海外で一人の犠牲者をも出していません。その間、自衛隊が進出した地域の付近で、何人かの日本人ボランティア、ジャーナリスト、警察官、外交官といった方々がお気の毒にも亡くなっています。その海外派遣総員数と殉職者の比率を比較するならば、自衛隊がいかに訓練精到な組織であるかがおわかりかいただけるかと思います。

これまでの自衛隊海外派遣において一人の戦死者も出さなかったことは、もちろん幸運に恵まれたということもありますが、何よりも先に述べたような「平時からの覚悟とこれに基づく命がけの訓練」によるものなのです。だからこそ、自衛隊員は国民の総意を代表する最高指揮官たる内閣総理大臣の出動命令が出た時、「身の危険を顧みず」その命令に従うことができるのです。

しかし、平時にそれだけのことをしている自衛隊だからどのような戦時にも力を発揮するかというと、必ずしもそうとはいい切れません。

第一に、「日頃訓練していないことは実行できない」ということです。いままで訓練したこともないような任務を急に与えられても、隊員は戸惑わざるを得ません。なぜなら、彼らが実行動に臨むに当たって心の支えとするものは、厳しい命懸けの訓練であるからです。日頃訓練していない任務を自衛隊に与える時には、その訓練のための「時間」と「人員」と「場所」と「予算」を新たに与えなければなりません。国民と政治家には、このことを理解していただきたいのです。自衛隊は、困った時に何でもやってくれる「打ち出の小槌」ではありません。ですから、自衛隊の指揮官たちは「現在の訓練状況でこれだけのことはできるが、それ以上のことはできません」と、はっきり国民や政治家に説明しなければならないし、逆に国民や政治家には自衛隊の日頃の訓練状況を知っていただきたいのです。

第二に、「訓練しても実行できないことはある」ということです。たとえば、「敵に監禁されている邦人（要人）を無傷で救出する」などということは、いくら訓練してもできないことなのです。確かに、イタリアの山荘に監禁されたムッソリーニを救い出したドイツ親衛隊のスコルツェニー中佐の例や、在ペルー日本大使公邸人質事件等、例外があるにはあります。しかし、両例とも、救出側に充分な情報があったことと、監禁側の対応があまりにもお粗末であったということを忘れてはなりません。さらに後者においては、日本人の犠牲者こそ出なかったものの、ペルー軍人二人とペルー最高裁判事が亡くなったことを多くの日本人が忘れているのではないでしょうか。こうした事態では、通常は監禁側の人物に工作し寝返らせるしかないのですが、それを実行する諜報機関は自衛隊に存在しません。要するに、ないものねだりはできないということです。

さて、それでも「自衛隊は強いのか」という質問をする方に、私は「失礼ですが、そうした実戦が起きた時、あなた御自身は何をなさっているのでしょうか」と逆質問をすることにしています。

最近の自衛隊ＯＢで実戦体験を持つ人は少なくなりました。しかし、災害派遣の経験を持つ者は大勢います。私もそのひとりですが、自分の体験からいうと、隊員たちは災害派遣活動では日頃の訓練時よりもさらに士気高く、自発的に実力を発揮します。まさに、自らの危険を顧みず勇気ある行動をとるのです。災害地には、本当に困っている国民がいて、その一人ひとりが自らも懸命に働きながら、なお自衛隊を頼りにしてくれます。そして、そうした人々と物心両面にわたる交流が始まり親密にもなります。マスコミもたくさんやって来て自分たちの姿を全国に知らせてくれるし、自衛隊員宛てに激励の言葉や慰問品も多数届きます。こうした場面で、さぼったり逃げたりする隊員などいません。

おそらく、戦時においても同じことになるのだと思います。国民が本当に困り、自衛隊を頼りにし、自衛隊をそれぞれの立場で応援してくれていると実感したとき、隊員たちは命懸けで戦うに違いありません。

「自衛隊は強いのか」という質問は、実は「国民は強いのか」と言い換えて、国民一人ひとりが自問自答すべきものなのではないか、私はそう考えています。その意味で徴兵制の有無に関わらず、「国民の国防義務」を明記した多くの諸外国憲法は参考になると思います。

さて、そうしたことをようやくご理解頂いた方でも「我が国防衛のためならそれは仕方ないが、外地に出かけてまで危険なことをする必要はないだろう」とさらに問いかけられるかもしれません。実はこれまでにも述べてきた「一国平和主義」とは、まさにこの考え方であり、極めて利己的なものです。私たちは、「世界の平和」があってこそ、はじめて「日本の平和」があることを認識し、「日本の平和」のためにもまず「世界の平和」に貢献することを目指すべきではないでしょうか。

日本と同様に第二次世界大戦のトラウマを持つドイツは、一九九〇年代以降各種の多国籍軍やＰＫＯ等に参加しています。犠牲者の数もボスニアでの一九人、コソボでの二七人など増加しています。また、アフガンでの多国籍軍ＩＳＡＦでは、後方兵站部隊派遣に徹したにも関わらず五五名の戦死者を出し、国内で大きな問題となりました。しかし、平和主義者として名高いメルケル首相は、極めて危険なアフリカ・マリのＰＫＯ部隊を断固として撤退させないでいるということです。「世界の平和」は、世界各国が危険を承知の上で協力し合ってこそはじめて可能なのです。

私は二二歳で入隊し、五七歳まで自衛隊員として勤務しました。その間、目の前の任務についてはそれなりに考え、真面目に仕事をしてきたつもりでしたが、恥ずかしながら世界とは何か、国家とは何か、日本とは何か、安全保障とは何か、防衛とは何か、そして軍事とは何か、といった最も根本的なことを考える暇もなく過ごしてきました。

退官後そのことを反省し、遅まきながらも考えてみたいと思い、独学で僅かばかりの勉強を二〇年間続けてきました。その研鑽の場所として、日本防衛学会、財団法人偕行社、東洋学園大学を選び、それぞれに所属する皆様からご指導を賜りました。

特に、東洋学園大学で、我が子よりも遙かに若い学生達と接し、彼らとともに考える機会を持てたことは本当に有難いことでした。

本年三月末をもって七七歳になりましたので、大学教師としての仕事を辞しました。その記念に、ここ二〇年間に書いたこと、教えたこと、話したことをすべてまとめ、本書を出版することとなりました。

これまで「軍事」などに興味を持たれなかったであろう多くの国民の皆さんに、本書を素材として、その一部分だけでも議論していただければ望外の喜びです。

推薦の言葉を賜った五百旗頭真先生（日本防衛学会会長）に厚く御礼申し上げます。また、本書の出版を勧めて下さったバジリコ社社長長廻健太郎氏、編集を担当して下さったバジリコ社取締役フェロー藤田俊一氏のご尽力に心からの謝意を表します。

冨澤 暉（とみざわ・ひかる）

昭和13年、東京生まれ。都立日比谷高校・防衛大学卒。昭和35年3月自衛隊に入隊。戦車大隊長（北海道上富良野町）、普通科連隊長（長野県松本市）、師団長（東京都練馬区）、方面総監（北海道札幌市）、陸上幕僚長（東京都港区）を歴任。その間に各種幕僚、研究職に就く。退官後は、東洋学園大学理事兼客員教授として、安全保障、危機管理等を担当。平成27年3月、教職を辞し現在同大学理事兼名誉教授。日本防衛学会顧問。財団法人偕行社副理事長。

逆説の軍事論

2015年6月20日　初版第1刷発行
2016年8月 8 日　初版第3刷発行

著者　**冨澤 暉**
発行人　**長廻健太郎**
発行所　**バジリコ株式会社**
〒130-0022
東京都墨田区江東橋 3-1-3
電話　03-5625-4420
ファクス　03-5625-4427
http://www.basilico.co.jp

印刷・製本　**モリモト印刷株式会社**

乱丁・落丁本はお取替えいたします。本書の無断複写複製（コピー）は、著作権法上の例外を除き、禁じられています。価格はカバーに表示してあります。

©TOMIZAWA Hikaru, 2015　Printed in Japan
ISBN978-4-86238-219-1